科学哲学

Introducing Philosophy of Science

齐亚丁·萨达尔（Ziauddin Sardar）/ 文

波林·凡·路恩（Borin Van Loon）/ 图

程功 / 译

图书在版编目（CIP）数据

科学哲学／（英）齐亚丁·萨达尔文；（英）波林·凡·路恩图；
程功译．—北京：生活·读书·新知三联书店，2020.2 （2025.5 重印）
（图画通识丛书）
ISBN 978 – 7 – 108 – 06678 – 7

Ⅰ．①科⋯　Ⅱ．①齐⋯ ②波⋯ ③程⋯　Ⅲ．①科学哲学－研究
Ⅳ．① N02

中国版本图书馆 CIP 数据核字（2019）第 181878 号

责任编辑	周玖龄
装帧设计	张　红
责任校对	陈　明
责任印制	卢　岳
出版发行	**生活·讀書·新知** 三联书店
	（北京市东城区美术馆东街 22 号　100010）
网　　址	www.sdxjpc.com
图　　字	01-2018-7542
经　　销	新华书店
印　　刷	北京隆昌伟业印刷有限公司
版　　次	2020 年 2 月北京第 1 版
	2025 年 5 月北京第 2 次印刷
开　　本	787 毫米 × 1092 毫米　1/32　印张 6
字　　数	50 千字　图 174 幅
印　　数	08,001－10,500 册
定　　价	32.00 元

（印装查询：01064002715；邮购查询：01084010542）

野兽的本性

我们的世界是由科学塑造和驱动的。从抗生素到计算机，从我们对人类进化的理解，到我们有能力向土星发射卫星，几乎每一种现代生活的裨益都是科学的产物。对于大多数人而言，进步（progress）只不过是另一个表示前进（advance）的术语，这种前进体现于从新的科学发现衍生而来的科学知识与裨益。

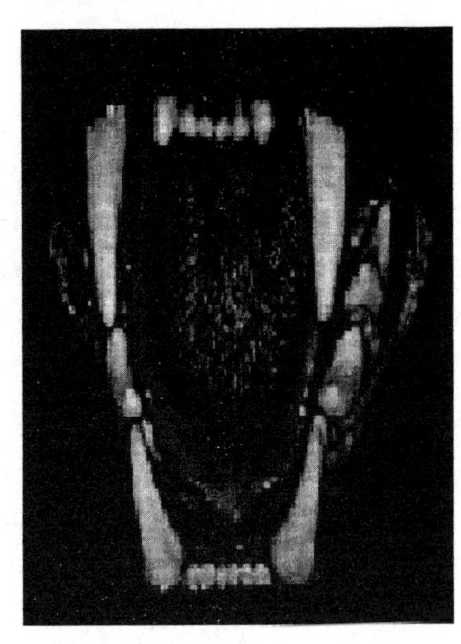

科学是"绝对客观"的吗？

  直到相当晚近的时代，西方传统都还将科学视作对自然与现实客观知识的探索。科学家们被当作类宗教式（quasi-religious）的超人，他们为了发现真理，会英勇无畏地与一切困难作战。

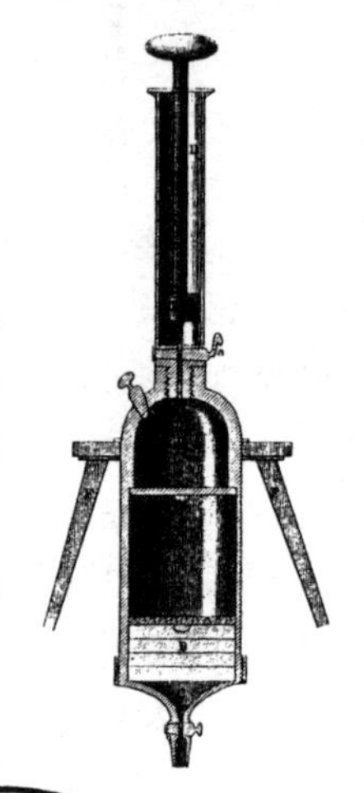

正如一位社会学家在 20 世纪 40 年代描述的那样，科学反映了自然本身的性质："星辰没有情感，原子没有忧虑，这类东西都不必考虑在内。观察乃是客观的，不需要科学家们刻意使之如此。"

我们信任科学家吗？

但是，科学家这种热爱真理、追求真理、为人类福祉努力工作的形象，与公众对科学和科学家的理解之间存在相当大的矛盾。大多数人并不是"反科学"的。我们承认，科学具备让我们的生活变得更健康、更轻松的潜力。

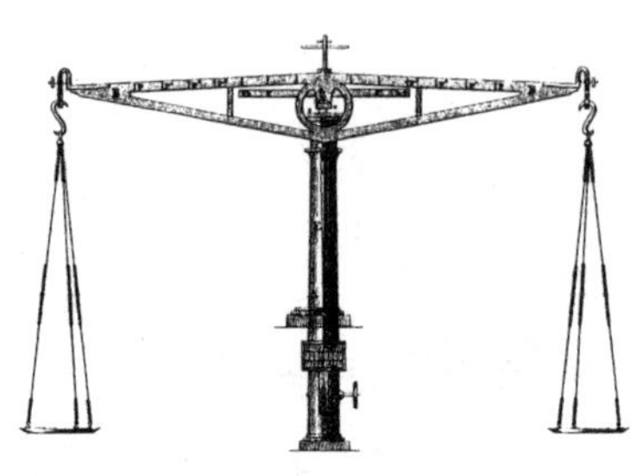

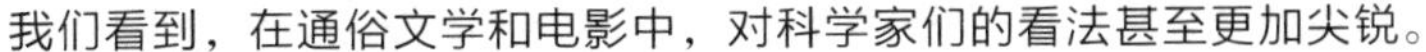

我们看到，在通俗文学和电影中，对科学家们的看法甚至更加尖锐。

玛丽·雪莱（Mary Shelley）的**《弗兰肯斯坦》**（*Frankenstein*，1818）中的亨利·弗兰肯斯坦博士（Dr. Henry Frankenstein）并非一个怪物，但却是……

在罗伯特·路易斯·史蒂文森（Robert Louis Stevenson）的**《化身博士》**（*Dr Jekyll and Mr Hyde*，1886）中，杰基尔（Jekyll）是一个焦躁不安的年轻科学家，他发现了一种调制剂，能让他转变到个性中的另一面……

在 H. G. 威尔斯（H.G. Wells）的**《拦截人魔岛》**（*The Island of Docter Moreau*，1896）一书中，一位科学家研制出的突变生命体生存于疼痛和苦难之中……

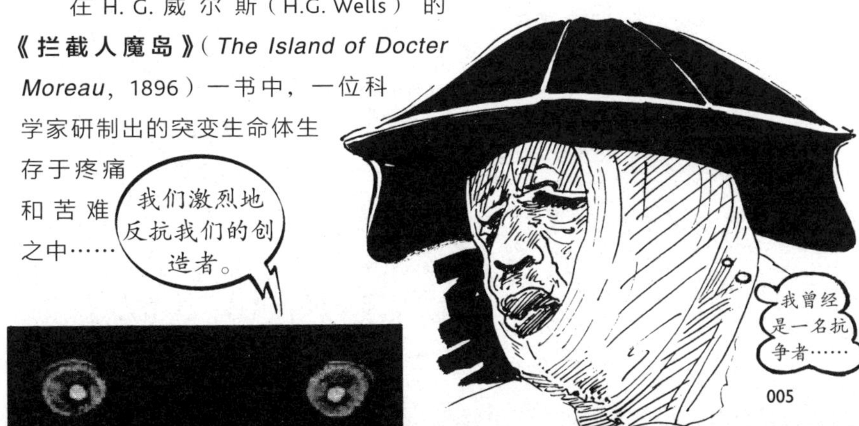

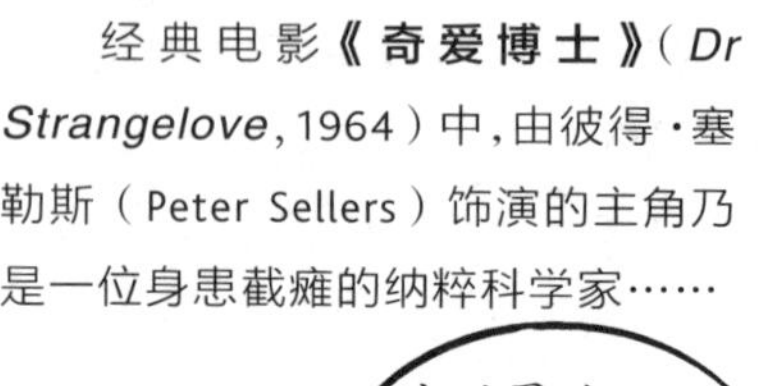

经典电影《奇爱博士》(*Dr Strangelove*, 1964)中，由彼得·塞勒斯(Peter Sellers)饰演的主角乃是一位身患截瘫的纳粹科学家……

奇爱博士
(Dr Strangelove)

《来自巴西的男孩》(*The Boys from Brazil*, 1978)表现了一群科学家——作为邪恶的纳粹分子——不择手段地要再造出一个属于希特勒的种族。

在《蝙蝠侠和罗宾》(*Batman and Robin*, 1997)中，两方面的反派都是科学家：

　　公众对于科学和科学家们的认识，为何与科学家们的自我认识之间存在如此激烈的差异？科学家可是将自己看作杰出的开拓者，认为他们理当获得崇拜、资助和全权信托呢。这或许是因为，除了带来裨益以外，科学也对人类造成了严重的威胁。

　　科学的副产物，例如核废料以及化学污染，正在地方性、区域性乃至全球性的级别上破坏着生态系统。因此，科学为我们带来裨益的同时，也带来了代价。或许是为了展现出一种更加令人气馁的科学观，获得诺贝尔奖的物理学家卢瑟福勋爵（Lord Rutherford）如是说道：

科学家实际做什么？

据媒体报道，以下都是一些科学家们实际所做的负面事情的例子。

《**独立报**》（*The Independent*），第二版，1995 年 1 月 26 日

"他们射杀猪，不是吗？"（"They Shoot Pigs Don't They"）一文报道：

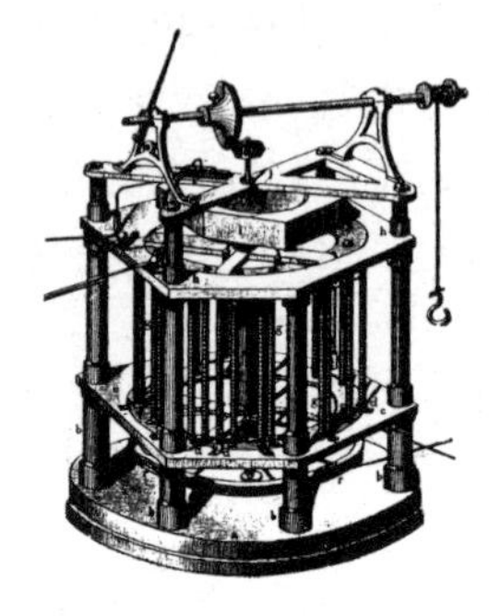

在英格兰的波顿唐研究机构（Porton Down research establishment），科学家们一直都在利用活体动物测试防弹衣。动物被绑到轨道车上，承受从火药爆炸驱动的震激管出口产生的，距离为 600 毫米或 750 毫米的轰击。最开始，猴子被用于这些实验，但科学家们之后转为对猪进行射击。动物遭到射击的部位在眼部上方，以此来研究高速子弹击中脑组织后的影响。

《时代》杂志，1994 年 1 月；另见**《时尚先生》**（ *Esquire* ），1994 年 12 月 "科学俱乐部为国效力"，奇普·布朗（Chip Brown）报道：

在 20 世纪 40 年代末期的美国，青年男孩食用着放射性的谷物早餐，中年母亲被注入放射性的钚，囚犯们的睾丸受到辐射——这些都是以科学、进步和国家安全之名发生的。这些实验一直持续到 20 世纪 70 年代。

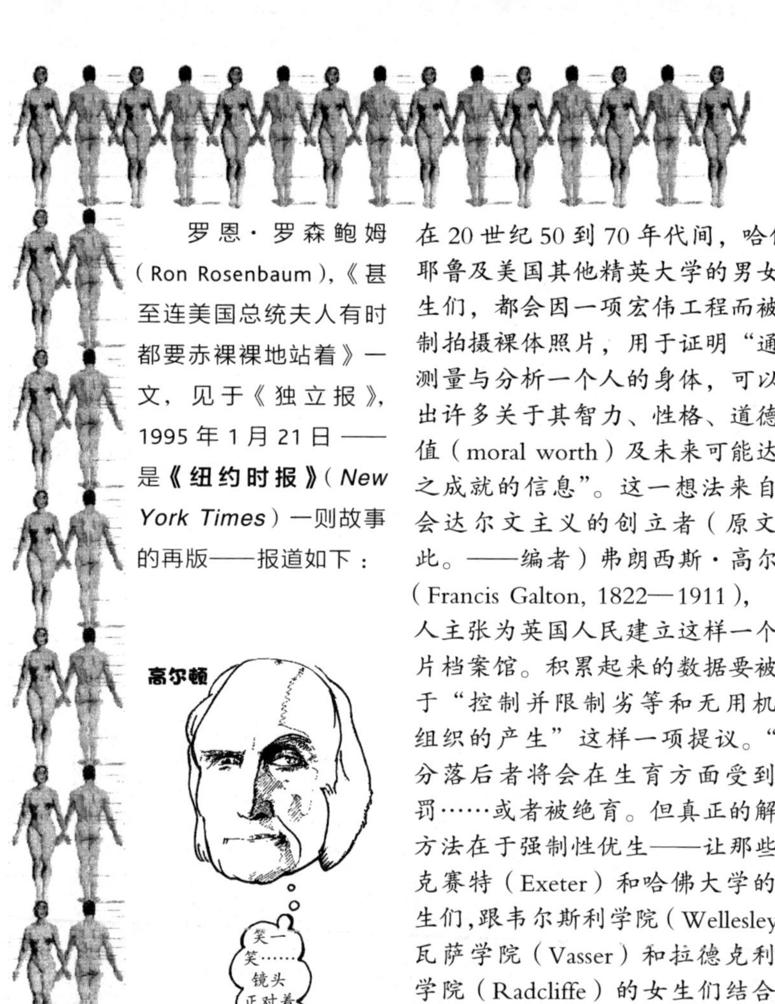

罗恩·罗森鲍姆（Ron Rosenbaum），《甚至连美国总统夫人有时都要赤裸裸地站着》一文，见于《独立报》，1995年1月21日——是《纽约时报》（*New York Times*）一则故事的再版——报道如下：

在20世纪50到70年代间，哈佛、耶鲁及美国其他精英大学的男女新生们，都会因一项宏伟工程而被强制拍摄裸体照片，用于证明"通过测量与分析一个人的身体，可以得出许多关于其智力、性格、道德价值（moral worth）及未来可能达到之成就的信息"。这一想法来自社会达尔文主义的创立者（原文如此。——编者）弗朗西斯·高尔顿（Francis Galton, 1822—1911），此人主张为英国人民建立这样一个照片档案馆。积累起来的数据要被用于"控制并限制劣等和无用机体组织的产生"这样一项提议。"部分落后者将会在生育方面受到惩罚……或者被绝育。但真正的解决方法在于强制性优生——让那些埃克赛特（Exeter）和哈佛大学的男生们，跟韦尔斯利学院（Wellesley）、瓦萨学院（Vasser）和拉德克利夫学院（Radcliffe）的女生们结合到一起。"负责这项工程的生物学家，哈佛大学的W.H.谢尔登（W.H. Sheldon），用这些照片出版了《人类地图集》（*Atlas of Men*）。

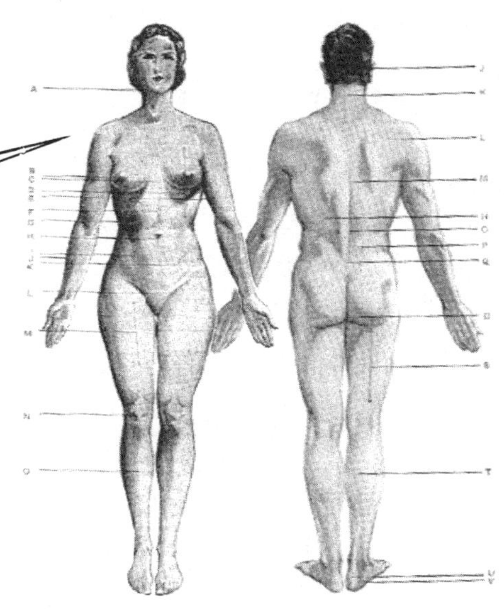

科学家们实际做的事，受到了科学史专家极其细致的剖析，科学社会学家及人类学家的检验，科学哲学家的分析，以及女权主义者和非西方学者的详细审查。

科学的定义

　　大多数评论家如今将科学视为一种有组织、制度化和工业化的冒险事业。它需要大量的资金，需要体型巨大、精细复杂且昂贵的仪器，以及数以百计的处理细节问题的科学家。

　　随着知识与权力的联合，知识本身便受到了腐化，成为了社会控制和集团统治的一种工具。

以下是对科学的另一些定义。

史蒂夫·富勒（Steve Fuller），
华威大学社会学教授：

桑德拉·哈丁（Sandra Harding），女权主义科学学学者。

科学傀儡（golem）

科学是一个傀儡。傀儡是一种源自犹太神话的造物。它是人类用泥土和水造出的一种人偶，被施加了符咒和法术。它威力强大，每天都会变得更加强大一些。它会听从指令，替你干活，保护你免受强大敌人的攻击。但它也是笨拙且危险的。一旦失控，傀儡也许会用它衰弱的力量杀死主人……既然我们在此将科学比作傀儡，那么值得一提的是，中世纪传统中的泥土造物，恰恰需要希伯来词语"EMETH"刻在前额上使其获得活力，其意为"真理"——正是真理驱动了它。但这并不意味着它就理解真理——还远着呢。

哈里·柯林斯（Harry Collins）与特雷弗·平奇（Trevor Pinch），科学社会学家

受争夺的科学领地

阿希斯·南迪（Ashis Nandy），印度文化理论家

小瓦恩·德洛里亚（Vine Deloria Jr.），拉科塔（Lakota）印第安激进主义者，美国印第安研究教授，科罗拉多大学。

所有这些对科学的不同定义与理解，都确凿无疑地告诉我们一件事：

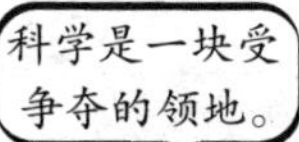

关于科学的本质，这些多种多样的主张——都多少包含一些道理——揭示出科学是一种高度复杂且多层次的活动。不存在能够揭示科学基本性质的单一且简单的描述。不存在能描述出它真实性质的浪漫化理想范型。不存在能揭开它真实维度的笼统的概括。

科学家理解科学吗？

直到此刻，科学家们几乎还不理解科学事实上是怎样在实践中起作用的。科学家们在许许多多重要的方面误解了科学。

- 他们对科学方法有一种相当浪漫化的概念，他们所接受的教育使得他们相信，这种方法可以魔术般地生产出中性的、价值中立且普遍有效的真理命题。

- 他们认为自己工作于其中的独立自主的环境，是受到国库资金保护的。实际上，对科学的资助越来越多地来自于集团和基金会，它们只对某些研究议程感兴趣。

- 他们认为研究的唯一目的在于提高人类的理性与知识。实际上，科学所受的驱动来自军事利益、集团创造利润的需求以及那些在政治上无法被忽略的公众们的关切。

- 他们倾向于相信，科学可以因其本身而得到追求。它在内容上应当保持深奥难解，只需要自身理解即可，根本与社会或文化问题以及公共资助无关。但民主制的运行机制并非这么一回事。

- 他们倾向于（错误地）假定，如果公众掌握更多的技术知识，公众就会毫无疑问地接受他们的主张。公众常常关注于伦理、政策、风险和安全方面的问题——对于这些议题科学家们知之甚少。

科学学的起源和发展

科学学是一个涵盖性术语（umbrella term），它覆盖着数量日渐增多的、来源于社会科学和人文学科的交叉学科及领域，它们的研究主题皆为科学。

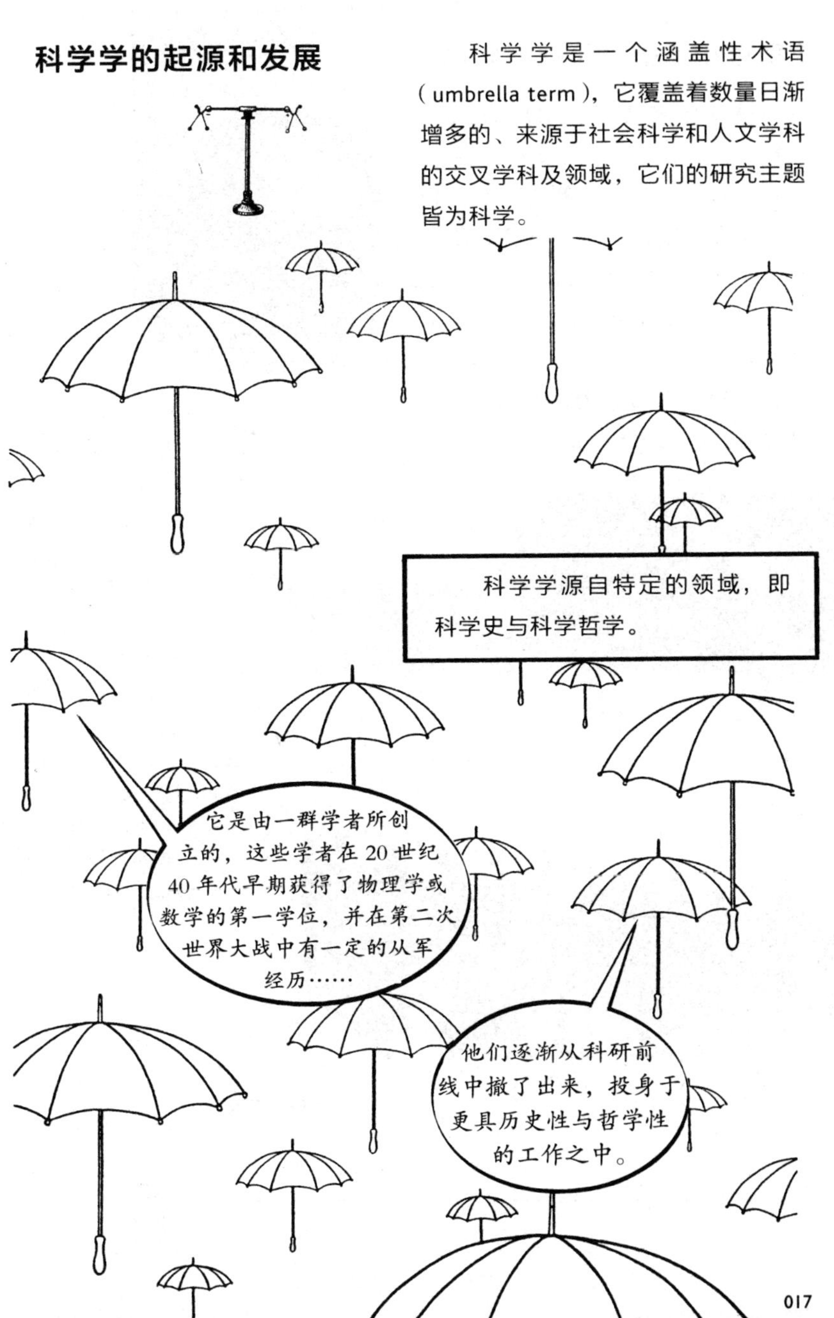

20 世纪 60 年代的科学学

科学学本身始自20世纪60年代晚期，它在很大程度上是由科学史学家、科学哲学家、激进学者、环保主义者和具有关怀的科学家所促动发起的，随着科学事业融入军事－工业复合体（military-industrial complex），他们对科学的幻想破灭了。相应的学位课程开始设立，为的是将"科学、技术与社会"统合起来。

肯特州立大学，1970 年

多样的批判方式

对科学的诸种批判方式是一个宽泛的集合，它以一系列不同的标题为名，包括……

+ 科学、技术与社会研究
+ 科学政策研究
+ 科学的社会研究
+ 科学、技术与发展研究
+ 科学、技术与文化研究
+ 科学技术社会学

在学院之外，科学学受到了环境运动、"科学服务人民"（"Science for the People"）团体，以及各种各样马克思主义和社会主义的科学批判者们的支持。

一个快速增长的行业

在英国，第一个自称进行科学学研究的流派乃是"科学知识社会学"（Sociology of Scientific Knowledge，或称"Strong Programme"，"强纲领"），创立于 20 世纪 60 年代的爱丁堡大学。它是由工党首相**哈罗德·威尔逊**（Harold Wilson, 1916—1995）主推的……

科学学开始采用它研究的科学所使用的东西，包括专业期刊、专业社团以及基于"个案研究"积聚增多而来的学科自主化主张。

科学学内部的冲突

科学学中的激进性根源，与将科学学作为一门严格学科的专业化努力，这两者间的张力也有所增加。

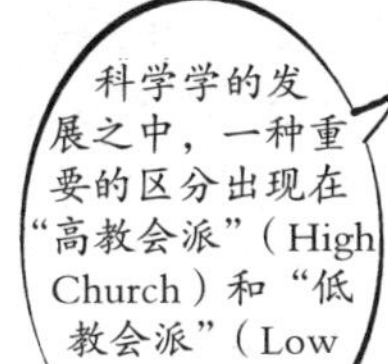

在大多数"第三世界"国家中，科学学发展成"低教会派"。重点很大程度上在于"发展"过程中科学的角色，抑或是它的缺位。

来自"低教会派"的批判

在 20 世纪 80 年代，一些著作，诸如阿希斯·南迪的**《科学、霸权与暴力》**（*Science, Hegemony and Violence*，1988），以及……

对科学共同体而言，科学学成为一大恼人因素，但某些科学家自己却开始将科学学视为一种保护和促进自身实践的工具。

激进起源的对比

科学学从激进的学术性课题转为专业化的学科，对此现象的一种理解方式，是去对比两部重要科学学指南的目录。有一本书出版于 1977 年，该书：

目　录

科学与技术研究指南

三

希拉·加萨诺夫（Sheila Jasanoff）
吉拉德·E. 马克尔（Gerald E. Markle）
詹姆斯·D. 彼得森（James C. Petersen）
特雷弗·平奇（Trevor Pinch）

编辑

科学社会研究协会合作出版

塞奇出版社（Sage Publications）
国际教育与职业
千橡 伦敦

026

目　录

科学学何以重要？

科学学绝对没有其他任何一门经验性学术科目或社会学分支那样重要。它的重要性仅仅在于作为一种工具，更加广泛地调查、批判和改造我们的知识实践。

- 引入一种科学实践和操作中的价值讨论。
- 开启科学对民主责任制的实践，尤其是它的决策制定过程及权力结构。
- 审查科学提出的问题种类，它所寻求的解决方法的类型，以及决定其操作与实践的那些未言明的假定前提。
- 检验科学流程中那些根深蒂固的性别和种族偏见。
- 找出将权力赋予科学的单一文化环境所造成的后果，揭示出多元化，以及科学研究的多元文化、多元方式的可能性。

所以，科学来自何处呢？
官方说法认定，科学始自古希腊，而古希腊一般被认定为西方文明的祖先。
古希腊天文学家指出，日食、月食并不是神明所示予的征兆，而只是地球、太阳和月球处在一条直线上造成的。

飞速推进到文艺复兴时代……

突飞猛进

哲学家、数学家**勒内·笛卡尔**（René Descartes, 1596—1650）指出彩虹并不是一种天国的和平征象。

天国的火花

美国科学家**本杰明·富兰克林**（Benjamin Franklin, 1706—1790）证明了打雷并不是神的闪电之箭，而仅仅是巨大的电火花。

但那些未经保护的教堂仍然会在打雷天着火，烧死那些在里面祈祷的人。所以几年之内，所有教堂都安上了避雷针！科学战胜了迷信。

人猿星球

查尔斯·达尔文（Charles Darwin, 1809—1882）给我们带来了坏消息，人类起源于亚当与夏娃这件事，不过是一则寓言。

到了 20 世纪，科学占据着绝对的优势地位。这种进步看上去是不可阻挡的。通过科学方法，科学家们发现了更多事实。从这里面出现了"自然法则"。也是从这里，发明家与工程师造出了"生活中的美好事物"，医疗科学将我们从疾病中拯救出来。于是，科学的历史被展示并传授为一种关于伟大英雄及其伟大发现的编年史。他们中的每一个人都发现了一项简单的事实……

伽利略发现了……

查尔斯·达尔文……

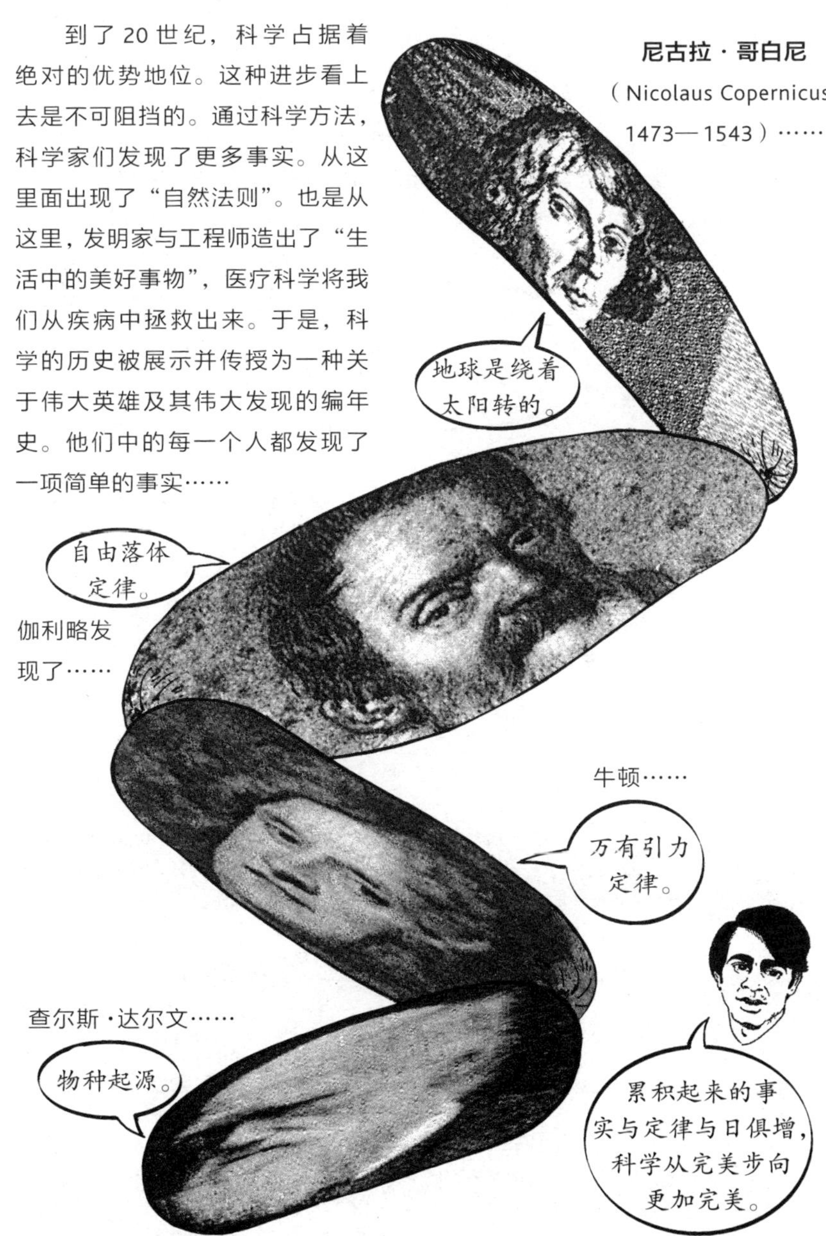

屠杀领域的科学

但第一次世界大战之后，这种传统的科学史出现了一定的问题。德国一位伟大的科学家，诺贝尔化学奖获奖者**弗里茨·哈伯**（Fritz Haber），发明了毒气。

环境灾变

甚至当科学用于造福人类时，也有可能出现始料未及的后果。蕾切尔·卡逊（Rachel Carson）的《寂静的春天》（*Silent Spring*, 1963）将世界从污染的危险中唤醒——所有会唱歌的鸟儿都从喷满杀虫剂的美国农场中消失了。这个"反应停"（Thalidomide）式的悲剧揭示了科学在商用时也会产生灾难性的后果。

科学家会犯错误吗？

范式问题

在十分炎热的一天，库恩意识到亚里士多德并没有对伽利略的问题给出"错误答案"。

倒塌的偶像

放眼望去，那些科学巨人们总不乏一些缺陷。

科学那大获全胜的形象终于跌下了神坛，就如同破镜难圆，那些摔碎的偶像再也无法重新拼接起来。科学史与科学哲学，连同科学学，在将科学的地位打回凡间这件事上，都起到了一定作用。

维也纳学派：逻辑实证主义

维也纳学派创立于 20 世纪 20 年代，是一个颇具影响力的科学哲学学派。当其鼎盛时，学派包含约三十六名成员，他们来自自然科学、社会科学、逻辑学及数学等领域。该学派的领军人物，**鲁道夫·卡尔纳普**（Rudolf Carnap，1891—1970）与**奥图·纽拉特**（Otto Neurath，1882—1945），将其视为一种推进反教权主义与社会主义理念的方式。学派的第一部出版物正是它的宣言：《**科学的世界观**》（ *The Scientific Conception of the World,* 1929 ）。

该学派自己的学说，即**逻辑实证主义**，将哲学构想为纯粹分析性的，它以形式逻辑为其基础，此类哲学是科学论述唯一合法的组成部分。

维也纳学派的影响

维也纳学派最终在奥地利悲剧性地收场。其中的一位领军人物**莫里茨·石里克**（Moritz Schlick，1882—1936）于 1936 年遭到谋杀。在希特勒入侵奥地利后，该学派成员移居至英国和美国。

但实证主义的**政治性**起源被人遗忘了——或者说，被压制了。它看上去仅仅是一种干瘪的学说，主张科学的绝对正确性。

卡尔·波普尔的"可证伪性"理论

卡尔·波普尔（Karl Popper, 1902—1994）与维也纳学派若即若离地联系在一起。他是战后最具革新精神的科学哲学家之一。他的"可证伪性"理论削弱了当时的主流观点，即积累起来的经验将通向科学假说——这被维也纳学派称为"证实"（verification）。

反对归纳法

波普尔在《**科学发现的逻辑**》(*The Logic of Scientific Discovery*，德文原版，1934；英译本，1959）一书中，发展出了他关于科学研究过程本质的思想。他不同意关于"归纳法"的传统信条，即从一系列给定的前提中抽离出普遍的结论——这是科学中一切归纳总结的基础。

以"A 是 B"为例，无论有多少这样的范例，都无法建立起"所有的 A 都是 B"这样一种"普遍有效的定律"。这个"普遍有效的定律"可以被一个"A 不是 B"所驳斥。

对于波普尔来说，科学中并不存在最终真理这样一个东西。恰恰相反，科学的进步是依靠"猜想与反驳"（同名于波普尔的论文集标题，出版于1963 年）来实现的。在波普尔看来，自我批判精神才是科学的本质。

托马斯·库恩的革命

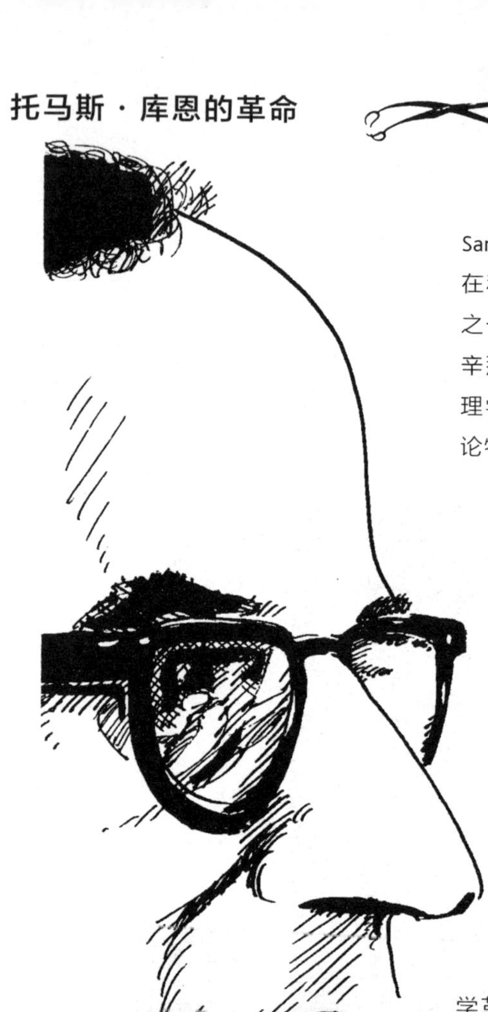

托马斯·库恩（Thomas Samuel Kuhn，1922—1996）是在科学学方面最为重要的学者之一。他出生于俄亥俄州的辛辛那提，曾在哈佛大学主攻物理学，研究生阶段继续钻研理论物理学。

1962年，库恩出版了《科学革命的结构》一书，该书如今已成为20世纪探讨科学本质的一部具有决定性意义的著作。该书是一系列行话术语的发源地，如"范式""革命性的科学"以及（间接源于他的）"后常态科学"。

《科学革命的结构》

　　库恩探索科学中的重大主题。他
想知道科学在一种实实在在的、经验
主义的方式之下——即在实践之中，
究竟是什么样子。他认为科学家们实
际上远远不是在发掘真理，而是在已
经建立起来的世界观下解决难题的。

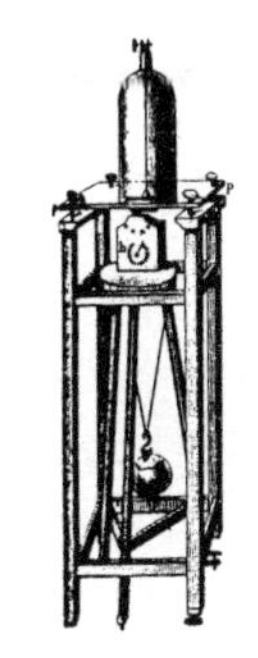

　　"范式"这个术语表明，现实科学
实践中存在某些被公认的范例（它们
已经产生出了诸般理论、法则、应用
和仪器化应用），它们将会提供一些模
型，科学研究的某些特定而连贯的传
统就是从这些模型中得来的。历史对
这些传统往往采用如下说法描述："托
勒密天文学"（或"哥白尼天文学"），"亚
里士多德动力学"（或"牛顿动力学"），
"粒子光学"（或"波动光学"）等。

常态科学

在库恩的构想中，与范式有着紧密关联的一个术语是"常态科学"。常态科学乃是科学家们在已建立起的教条范式中，采取循规蹈矩的方式所进行的工作。

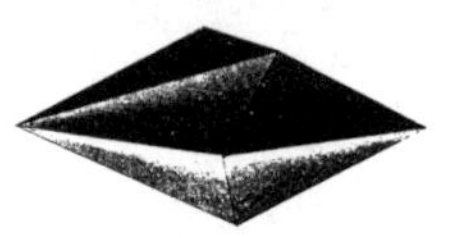

科学家们将范式作为一种资源来使用，以此来改进理论，解释那些令人困惑的数据，建立起愈加精确的标准尺度，还会做其他必要的工作来扩展常态科学的界限。

革命性的科学

常态科学中那种平淡的稳定性，偶尔会被某些无法克服的危机打断。到达一定的程度之后，危机就只能由**革命**来解决。"革命性的科学"将占据主导地位，旧的范式将让位于新的范式。但曾经具有革命性的东西也会成为新的正统。然后就是如此的循环往复。

亚里士多德的《物理学》，牛顿的《原理》与《光学》，莱尔的《地质学》都是这样的范例，它们在特定时代规定了特定科学分支的范式。

人们对于科学的传统印象是稳步推进、循序积累式地求知，它建基于合理选取的实验框架。与之形成鲜明对比的是：库恩将"常态"科学展现为一种教条主义的事业。

科学之敌

不出意外，《科学革命的结构》一书引发了极大的争议。科学家们感到厌恶，该书不再将他们视为英雄式的、开明的、不计功利的真理追求者，以及自然与现实的探询者，他们只是有所专长的祭司，推进着属于他们自己特定的教派神学。科学哲学家们发现库恩的相对主义颇不得人心。

反对库恩

1965 年 7 月，波普尔和他的团队组织了一场科学哲学国际学术研讨会，其明确的目标在于击垮库恩。会议的思想受到了一系列机构的支持——包括英国科学哲学学会、伦敦政治经济学院及国际科学史和科学哲学联合会——意在将库恩置于英国科学哲学家联合力量的对立面。

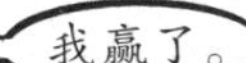

"主流概念"的终结

到 20 世纪 70 年代早期,《科学革命的结构》一书被视为一部绝对革命性的著作。根据伊安·哈金(Ian Hacking)所说,《科学革命的结构》导致了以下概念的终结……

现实主义： 科学要尝试寻找一个真实的世界；关于世界的真理是真实的,无关于人类如何认定；科学的真理反映着现实的某些方面。

划界： 在科学理论与其他种类的信仰体系之间,存在一种明显的区分。

积累： 科学是积累性的,建基于已知的东西上——例如爱因斯坦对牛顿的归纳。

观测者－理论(Observer-theory)差异： 在观察报告和理论命题之间,存在相当明显的对比差异。

奠基： 观测与实验为假设与理论的证明提供基础。

理论的推理结构： 对理论的检测,是通过从理论假设到观测报告的推理来进行的。

精确性： 科学概念都是相当精确的,科学中使用的术语具有固定含义。

发现与证明： 发现与证明处在各自的语境之中；我们应当做出区分,一方面是某种发现的心理学环境或社会环境,另一方面是证明某种信念的逻辑基础,这种信念是关于那个被发现之事实的。

科学的统一性： 应该有一种科学是关于这个完整的真实世界的；较为细化的科学可以还原为更加广博的科学——心理学可以还原到生物学,生物学还原到化学,化学还原到物理学。

库恩是不是激进主义者？

毫无疑问，库恩关于革命性的科学的说法，激发了 20 世纪 60 到 70 年代许多学术激进主义者的想象力。然而，如果将库恩本人视为一名激进主义者，或将《科学革命的结构》一书视为一部伟大的激进思想作品，那么这种看法无疑是受到了误导。

1. 第一个层面关乎在政治危机时期（即"冷战"时期）保卫科学的自主性与权威性，该时期见证了对科学日益增长的质疑声，以及对科学采取社会管控的更大呼声。

2. 第二个层面使得库恩从属于保守主义政治思想传统的一部分，它可以追溯到柏拉图（公元前 427—前 347）。该传统不信任公众参与对真理的判定，这些真理是整个社会赖以生存的基础。

诞生

库恩的科学解释的出现，最直接的层面是冷战的背景。库恩在哈佛大学受训成为一名物理学家，为的是追随牛顿与**阿尔伯特·爱因斯坦**（Albert Einstein，1879—1955）所探寻的伟大自然哲学问题。

库恩没有对物理学完全幻灭，他在这方面获助于**詹姆斯·布莱恩特·科南特**（James Bryant Conant，1893—1978），哈佛大学校长与美国原子弹计划首席科学管理员。库恩认为科南特是他见过的最聪明的人。科南特在科学项目的通识教育部给库恩找了个职位，为了让美国未来的领导人能对科学研究予以关注。

支持大科学

科南特的理念是让学生们透过那些影响了"小科学"的理想，看到他们自己时代的"大科学"计划，"小科学"使得现代自然科学成为了西方文化遗产的一部分。

然而，库恩并没有意识到，一种并没有突出其社会、经济或技术影响的关于科学的描述，却会被一些非自然科学家出于他们自己的目的轻而易举地挪用——包括科学学的从业人员！库恩的科学变革模型不知不觉间激励了大批的探究者，这是科南特和库恩都不曾预料到的。

无政府主义者费耶阿本德

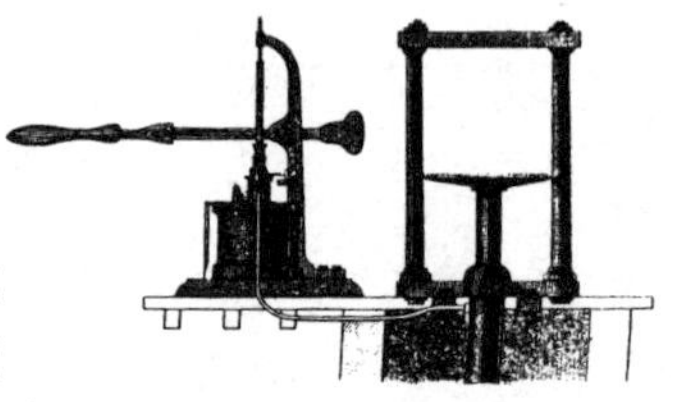

保罗·费耶阿本德（Paul Feyerabend，1924—1994）是科学实证主义解释的批评者，他的批判最早、最持之以恒且颇具影响力。尽管他对科学的批判与库恩有些类似，他的观点却激进得多。费耶阿本德生于奥地利，职业生涯非常丰富多彩……

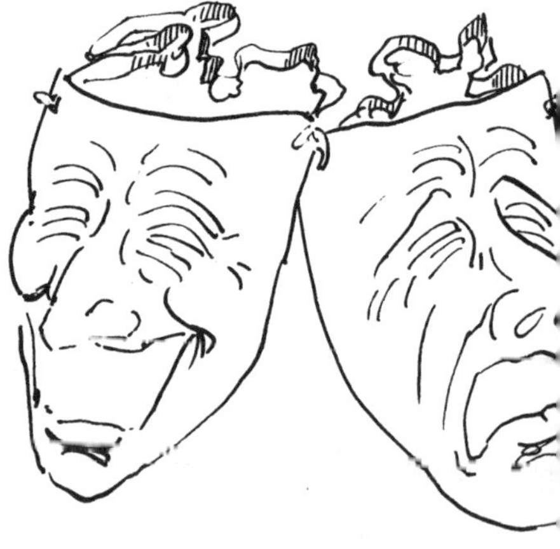

他站在波普尔一方出色地展开论辩。在参加由波普尔及其团队组织的针对库恩的著名学术会议之前，他已经发展出了关于科学的截然不同的观念。

怎样都行

费耶阿本德最核心的思想是"认识论无政府主义"（epistemological anarchism）。在《反对方法》（*Against Method*, 1975）一书中，他论证任何科学方法的原则都已经被某些伟大科学家破坏了——伽利略是众多例子中的一个。所以，如果真的存在科学方法这样一种东西，那就只能是——怎样都行。

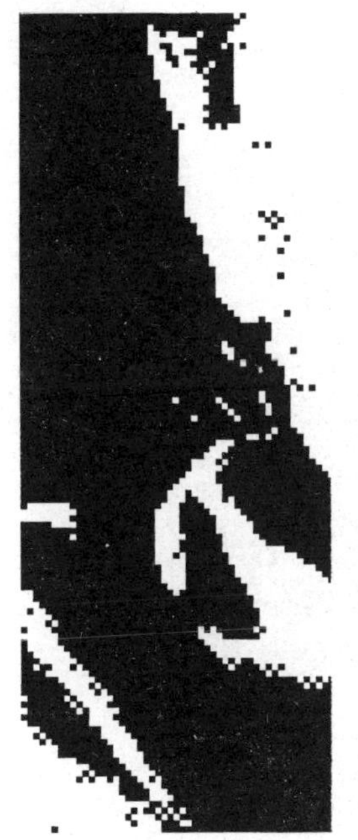

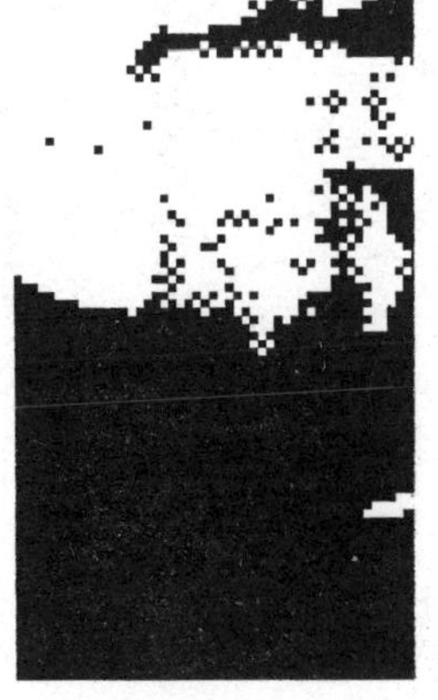

费耶阿本德通过检验不同的历史时段，通过分析思想与行动的关系证明了这一点。唯一不会抑制进步的原则是——**怎样都行**。

各自为战

对于费耶阿本德来说，科学没有超越其他思想体系的优越地位，例如宗教和魔法。作为一个讲究策略的无政府主义者，他在伯克利大学开设了课程，在课上他邀请了神创论者、达尔文主义者、巫师及其他"真理贩子"来学生面前为自己的观念辩护，广为人知。

在《告别理性》（*Farewell to Reason*，1987）一书中，费耶阿本德抨击了科学理性主义的观念。

科学必须从属于公民与共同体的需求。

科学知识社会学（SSK）

科学知识社会学（The Sociology of Scientific Knowledge，SSK）基于这样一个假定：我们的自然理性能力与感知力并不是生产科学知识的充分条件。

曼海姆

卡尔·曼海姆（Karl Mannheim，1893—1947）是这门学科的奠基之父，他认为科学知识是普遍的——它的客观性超越了具体的文化源头——因此科学是超出社会学研究范畴的。

科学的精神

第二次世界大战之后，科学社会学的几种类型是在这些限制之下发展出来的。最具影响力的一种，是由美国社会学家 R. K. 默顿（R. K. Merton，1910—2003）提出的，他将著名科学家的规范性声明加以系统化。

在 20 世纪 60 年代晚期，曼海姆的诘难被"强纲领"不留情面地推翻了。

"强纲领"

"强纲领"始于爱丁堡大学，它是一种倡议，在总体上试图为 C. P. 斯诺（C. P. Snow，1905—1980）称为"两种文化"的东西搭建起桥梁。在战后的英国，科学家与艺术人文方面的专家都不再彼此沟通了。

"强纲领"的创始人之一，大卫·布鲁尔（David Bloor），在《知识与社会意象》（*Knowledge and Social Imagery*，1976）一书中摆出了两个基本问题：

科学知识社会学的基础

"强纲领"的支持者们主张科学知识社会学具备四种基本元素：

1.SSK 能发现创造知识状态的条件——经济的、政治的、社会的以及心理学的。

2.SSK 在挑选研究课题方面是不偏不倚的。它对真知识和假知识的强调，对科学的成功和失败的强调是相同的。

3. 在解释科学知识的范例方面，SSK 是前后一致的（或者说它会使用"对称性"）。例如说，它并不会用社会学原因去解释一个"虚假"信条，或是用理性主义原因去解释一个"真实"信条。

4.SSK 的解释模型本身适用于社会学自身。

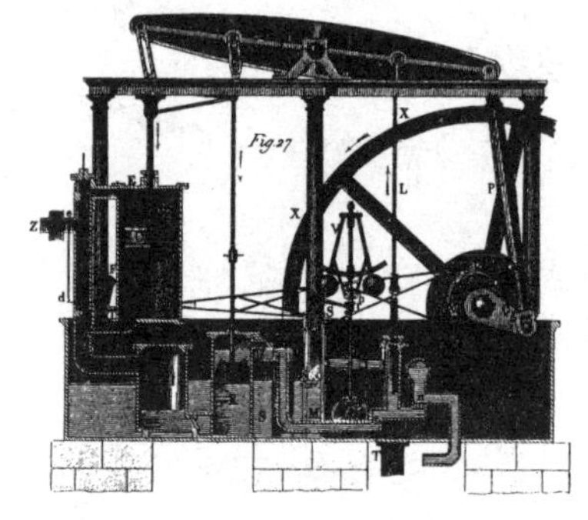

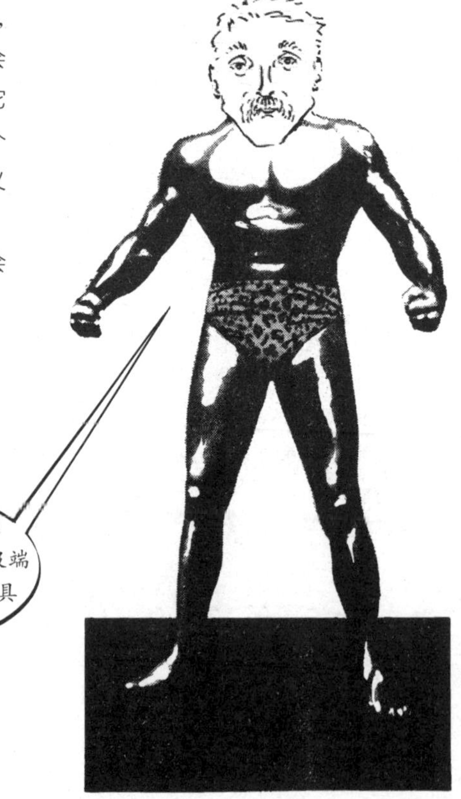

作为社会建构的科学

　　某些科学社会学家主张科学是**"受社会建构"**的，而非由世界或某些外在的"物理现实"所决定。这些学者被称为"建构主义者"。建构主义者研究科学的特定历史时段或当前时期。他们也会在实验室里开展"田野调查"。

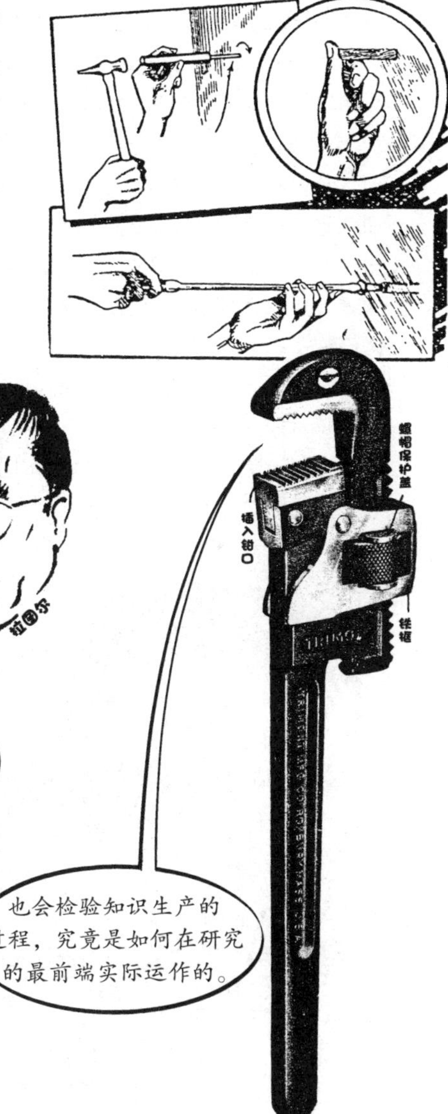

现实的影响

最著名的建构主义研究是《**实验室生涯：科学事实的社会建构**》（*Laboratory Life: Social Construction of Scientific Facts*，1979；1986），其中布鲁诺·拉图尔（Bruno Latour）与史蒂夫·伍尔格（Steve Woolgar）检验了一个问题的详尽历史：促甲状腺素释放因子（激素），或简写为 TRF（H）。拉图尔与伍尔格表明 TRF（H）所具有的含义和意义是根据它所在的**语境**决定的。

对于每一个专家团队，它都具有一个不同的含义——医师、内分泌学家、研究人员和研究生，他们将它用作生物测定的工具。

拉图尔和伍尔格还主张从命题到事实的转换是可以反过来的，也就是说，现实同样可以被解构。现实并不能解释为何一个命题成了事实，因为只有当一个事实被构建出来，**现实的影响**才会为人们掌握。

客观性的建构

在拉图尔和伍尔格的研究之前，伊安·米特罗夫（Ian Mitroff）的《科学的主观面》（*The Subjective Side of Science*，1974）检验了一些科学家的见解，以及他们珍视的理论和发表成果，这些科学家对"阿波罗 11 号"带回的月岩进行了分析。

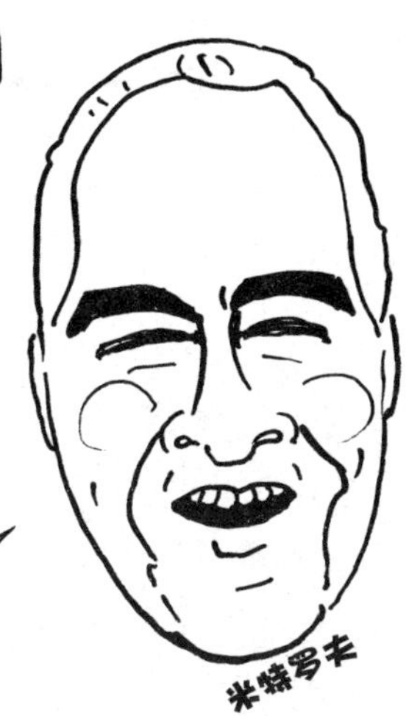

科学部落 

在卡琳·诺尔－塞提娜（Karin Knorr-Cetina）的开创性著作《知识的制造》（*The Manufacture of Knowledge*，1981）一书中，她研究了实验室中的科学家，正如研究丛林中的部落一样。

……当我观察实验室中知识生产的过程时，我发现了工作中的一种机会主义逻辑。科学方法其实是一种局部情境化、局部增殖化的实践形式，而不是某种非局部的普遍性范式。它是视环境而定的（context-impregnated），而非与环境无关的。这可以被视作根植于局部性社会行动的标志，正如生活的其他形式一样。

7月20日，星期四

建构主义 vs. "强纲领"

社会建构主义者与"强纲领"支持者之间的差别是什么呢？不同于建构主义者，"强纲领"接受一个毋庸置疑的现实之存在，这种现实已经在科学中得到了成功的探索。正如巴里·巴恩斯（Barry Barnes）、大卫·布鲁尔（David Bloor）与约翰·亨利（John Henry）在**《科学认知》**（*Scientific Knowledge*，1996）一书中说明的：

负载理论的观测

　　建构主义者继而提出这样的观点：科学家们并不是孤立地做出观测，而是在一个定义完备的理论内部进行观测。这些观测以及与之并行的数据收集工作，都是被设计过的，它要么用来反驳一种理论，要么为之提供支持。

"传统"的语境

"强纲领"的拥护者们论证说，负载理论的并非科学中的观测本身，而是这些观测的报告。一次观测如何报告，取决于科学家工作于其中的**传统**。对一次观测的解释包含着对于传统资源的运用。

以伟大科学家为名的理论之间的联系——如"牛顿理论""爱因斯坦理论"——制造了这一假象。更好的方式是将科学理论理解为**进化中的制度**。仔细检验一下"孟德尔理论"，我们会知道自从孟德尔第一次构想出这一理论后，又有过多少迂回曲折。

女性主义批判

　　科学的女性主义研究是与 SSK，还有学界之外对科学的激进批评平行发展的。它已经揭示出，对定量测定、变量分析以及对不带个人色彩的、过度抽象的、概念化构想的关注，既是一种显著的男性化倾向，也恰恰隐藏了其中的性别化特性。

科学中的女性

科学系统性地将女性边缘化，并低估了其贡献。性别的刻板偏见实际上始于婴儿时期，并在童年、青年和成年时期逐渐累积起来。刻板偏见使得女性在接受某些类型的思考和运动机能方面受挫，使得男性受到激励，而这些思考与机能对于科学、数学和工程学技能而言是必要的。

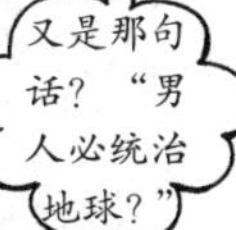

"女性争取进入科学的努力，类似于她们争取进入神职机构的努力。基督教徒在传统上认为上帝创作了两部著作：《圣经》与自然，两部均是'圣言'的传达。在过去两千多年来的大多数时间内，对《圣经》的研究被视为一项只适合男性的任务。对上帝的'另一部著作'自然的研究也是如此，很长时间以来被视为在本质上属于男性的活动。正如女性必须为了能成为神学家和牧师而奋斗一样，她们也必须与'科学的教堂'相较量才能成为科学家。"

玛格丽特·沃特海姆（Margaret Wertheim），**《毕达哥拉斯的裤子》**（*Pythagoras' Trousers*，1995）作者。

女性在科学中的隔离

女性选择将科学作为一种职业始于 1820 年到 1920 年之间。在这段时期的美国，女性对科学的参与增长了成百上千倍。但这种增长是有代价的。

到 1920 年，这一模式已经被充分地建立起来。尽管受到女性主义者们的抗议，女性后来在科学中的经历在划定的范围内受到了抑制。她们被限制在了例如"家政学"和"化妆品化学"之类的领域内。拓展到新领域受到了限制。

实验室中的隐形女性

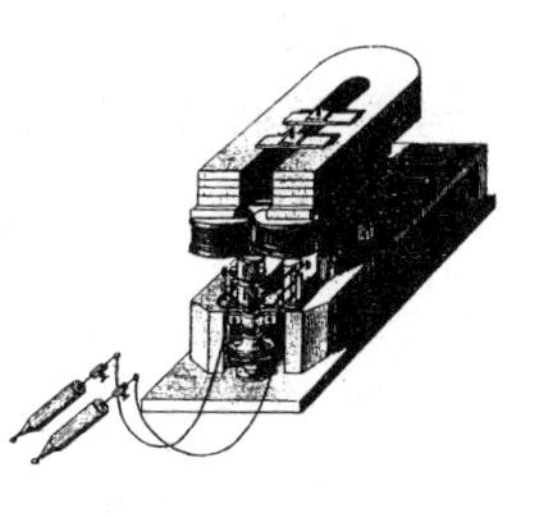

如今，大多数女性科学家主要处在科学事业中较低的阶层中，她们在实验室里做着普通职员式的工作。极少有女性科学家管理着自己的实验室，她们很少获得能够开展独立研究的资源。在大多数情形下，与男性所获得的类似成就相比，她们的成果都被系统性地低估了。

以更高标准为名义驱逐女性，是一种使女性远离科学的方式。

男性中心主义科学

性别偏见是否只是一个对科学的管理问题——抑或在科学自身之内有一种根深蒂固的因素歧视着女性？科学的女性主义学者认为，科学的内容其实内在地就是反女性的。

"女性进入科学领域，也有助于通过关注合作的作用从而带来平衡。科学的内容如果仅仅反映单个社会群体的利益和经验，它将会是糟糕的。女性没有成为科学家的原因之一，恰恰在于她们发现科学的大部分内容与她们的生活无关。"

桑德拉·哈丁（Sandra Harding）是特拉华大学哲学教授，著有颇具影响力的**《女性主义中的科学问题》**（*The Science Question in Feminism*）一书。关于科学中如何充斥着"男性中心主义"的烙印，她提供了一种见解。只需考虑一下，比如，解释当今人类行为根源的传统进化论。西方的、中产阶级的社会生活——男人外出干男人们该干的活，而女人困在厨房，照料婴儿——其根源可以追溯到"男性是狩猎者"这种固化的关联之中。

这一理论是基于琢石的发现，据说这能提供证据来证明男性发明了工具，用于狩猎和准备游戏。

作为供应者的女性

    但你可以用不同的文化视角看待这些相同的石头。我们知道，在现存的文化之中，女性才是一个团体中的主要供应者。你可以论证说，这些石头是女人们使用的，用来屠杀动物、切碎肉块、挖掘根茎、剥开种荚，或是锤烂并软化根茎，使其可供食用。

    科学中的其他发展——例如智商测试、行为调节、胎儿研究以及社会—生物学的兴起——同样也可以用类似的逻辑进行分析。

更多女性进入科学领域

公平地描述科学中的女性能改变什么吗？首先，它会产生明显的经济效益。

强客观性 

桑德拉·哈丁认为，女性将会带来一次转变，即从传统客观性科学方法到她称之为"强客观性"的转变。

强客观性将会导致立场认识论，它利用那些被制度性权力所边缘化的社群提出的基本问题，来改造研究与知识的生产。

对于人类社会经验，即边缘团体成员对自身生活的叙述来说，女性主义分析并非某种文化中立的阐述，而是对它们的理论化反思。边缘化经验，以及边缘化的民众所叙述的东西，对于那些可以被问出的关于自然、科学和社会关系的新问题而言，乃是重要的指导。

立场认识论主张从边缘化的生活开始，对制度化权力不平衡进行监督。这就为形成新的问题提供了一个批判的锋芒。每个人对于制度性权力及其影响的认识由此得到了扩展。女性主义的科学和技术研究着手做的正是这样的研究。

负有责任的理性

依照类似的理路，希拉里·罗斯（Hilary Rose），英国科学学名宿，《爱，知识，权力》（*Love, Knowledge, Power*, 1994）一书的作者，提出了"负有责任的理性"（responsible rationality）观念，以此在科学的客观性内恢复关怀。

生育劳动

在激进的 20 世纪 60 年代和 70 年代，文化的关注完全投入到生产活动之中，但一个核心性的女性主义项目是去强调人类的生育。该项目中，有带有庆贺性的本质主义版本，以及马克思主义化的女性主义版本，后者将性别差异植根于**生育劳动**的分工中。本质主义者和马克思主义化的女性主义者都共享同一个生物—社会观点，即具备依赖性的人类（尤其是小孩子）需要爱或关怀理性，以此才能生存。

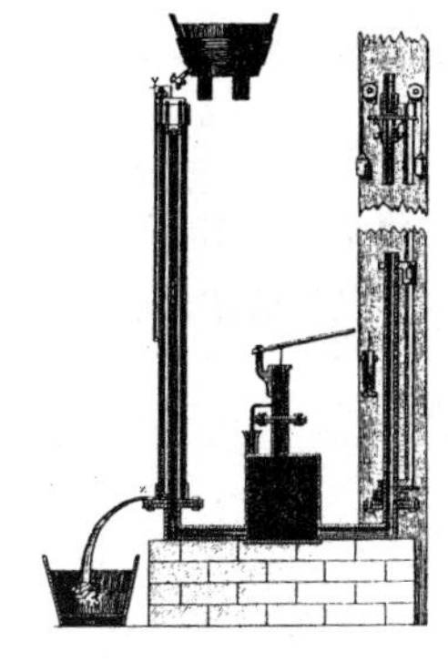

如果占据 21 世纪主流的科学技术要重塑自身，以使"社会"和"科学"都能够存活下来，那么这样的削弱是至关重要的。环保主义者关注于为社会学体系辩护，他们也处于非常类似的境地。

后殖民科学批判

　　和女性主义学者一样，后殖民批评家认为，真正的变革只有通过娘本性转变才能出现，即关于科学中的概念、方法和解释的转变——一种对于科学发现逻辑彻底的重新定位。

　　只有到了 20 世纪 90 年代之后，当该类批判的产出质量与数量大到无法再忽视时，后殖民科学学才开始对西方科学学产生影响。

后殖民科学学有三个非常特别的
分支……

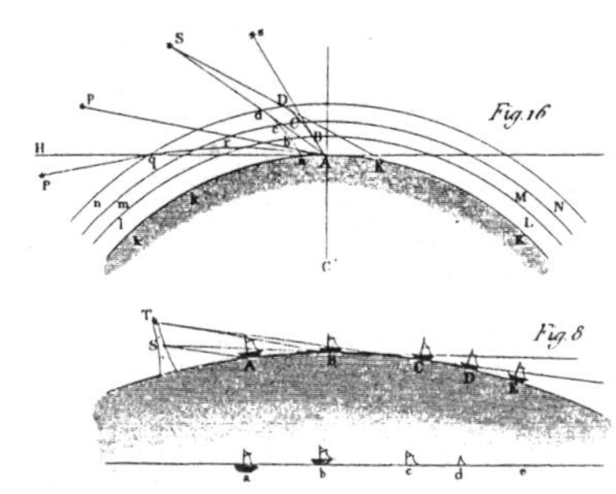

科学与帝国

后殖民科学研究试图建立起殖民主义——包括新殖民主义——与西方科学的进步之间的联系。例如，印度科学哲学与历史学家迪帕克·库马尔（Deepak Kumar）在他的几部著作中，试图论证英国在印度的殖民对欧洲科学发展起到了重要作用。

在整个英国统治印度时期，英国科学的进步主要是因为英国军事、经济和政治需求，而不是因为所谓更强大的科学理性，或是科学家们声称的致力于对无功利性真理的追求。

考虑一下帝国理工学院的格言：它也是一把利剑。

科学与帝国一起发展成长，彼此之间相互提升和支持。事实上，我们可以将许多科学机构的建立追溯至欧洲开始帝国开拓的时代。伦敦和利物浦的热带医学学院建立于 1899 年，其唯一目的只是为了助力帝国的建造者。

只有当它在 1918 年扩展到了土著人那里之后，地方病和营养不良才被发现。热带农作物基本都是些经济作物。

帝国地理学

东印度公司的政治野心使得一套完整的地理知识变得有必要——因此对印度的地质学调查得到了英国政府的最大资助。在 1856 年完成后，它被描述为"帝国的常识"的代表，并用于论证印度殖民地化的合理性。

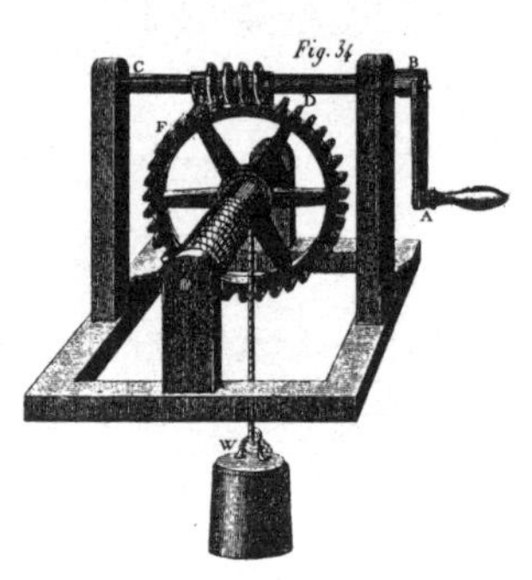

1940 年之前，在殖民地并不存在科学教育。本地人被认为在本性上是落后的，他们做着技师和实验室助手的工作，但从不会获得作为医生、科学家或研究者的资格。

殖民主义之下发生了什么？

科学对于殖民时代的非西方科学采取了特定的政策。西方科学家估计，没有别种科学能发现引力定律或抗生素，只有西方科学可以发现所有的自然法则。他们实施一种对非西方及原存科学进行无情压制的政策。

特别地，西方科学盗用并综合了非西方科学，却并没有予以相应的承认。前哥伦布时代几乎为每一个欧洲环境生态区提供了马铃薯的农业，却成为了欧洲科学的一部分。阿拉伯和印度文化的数学和天文学成就提供了另一个例子。伊斯兰医学几乎遭到了完全的盗用。磁针、方向舵、火药和其他许多对欧洲科学有用的技术来自中国。地方地理、地质、动物、植物、分类体系、医学、药理学、农业和航海技术等知识，都来自非欧洲知识传统。盗用并剽窃了非西方知识后，西方科学对这些知识进行了再利用，将其据为己有。

非西方科学不再为人所见——通过把它们剔除出历史书这一方式。这一切发生于启蒙时代，例如法国**哲学家**正是在此时创作了他们伟大的百科全书。古老的古典时代与文艺复兴之间那段时期什么都没有发生，被命名为"黑暗时代"。

西方的偏见贬低、侮辱进而无情地压制了非西方科学。在殖民地，任何与原存科学和研究相关的事物都是非法的。例如在阿尔及利亚和突尼斯，法国将用伊斯兰医学治病的行为定性为犯罪，可判处死刑。事实上，确有无数的伊斯兰医生被处决。在印度尼西亚，荷兰关闭了所有进行高等研究的大学和机构，本地人受教育被判定为非法。

伊斯兰科学经验史

后殖民科学学开始于对伊斯兰、印度和中国文明史的经验研究。在 20 世纪 60 和 70 年代，从伊斯兰科学史的原始著作可以看出，穆斯林文明的科学成就有多么璀璨——无论是在深度还是在广度方面。乔治·萨尔顿（George Sarton）在其所著**《科学史导论》**（*Introduction to the History of Science*，1927）中已经提出了这样的观点。

从那以后，许多学者的研究，包括土耳其学者伊赫桑诺格鲁（Ekmeleddin Ihsanoglu）关于奥斯曼科学的作品建立起了这样的观点：如果脱离了伊斯兰科学，我们无法想象如今所知的科学。

印度与中国科学

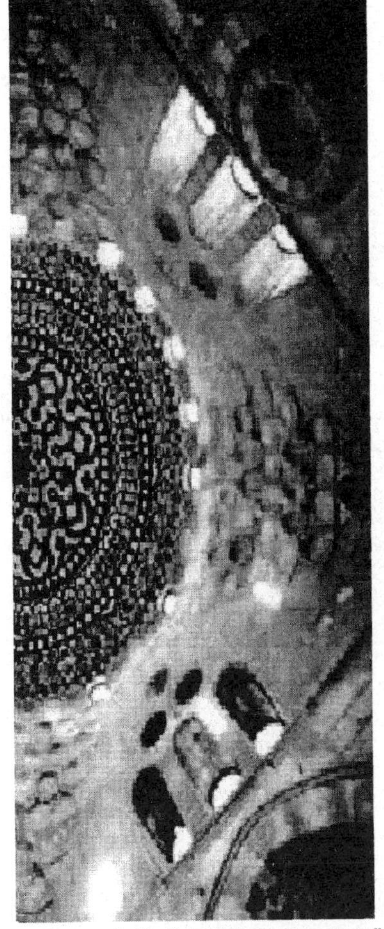

随着 A. 拉曼（A. Rahman）的文献工作以及 D. M. 博斯（D. M. Bose）、S. N. 森（S. N. Sen）与 P. V. 沙尔玛（P.V. Sharma）编纂的《**印度科学简史**》（*A Concise History of Science in India*，两卷本）的出版，印度科学经历了一次类似的复兴。

中国科技史的地位出现了类似的提升，这源于李约瑟（Joseph Needham）的《**中国的科学与文明**》（*Science and Civilisation in China*，七卷本，1954），例如何丙郁的《理、气、数：中国科学和文明概要》（*Li, Qi and Shu: An Introduction to Science and Civilization in China*，1985）等中国本土著作都建基于该书。

对文明科学的重新发现

最后，后殖民科学学术研究试图在**当代**重新建立伊斯兰、印度或中国科学的实践。例如，存在一套对于当代伊斯兰科学的完整探讨，致力于探索某种建基于伊斯兰的自然概念、知识与价值观的统一性和公共利益等之上的科学应当如何塑造。

伊斯兰科学的体系框架

当代对伊斯兰科学的重建基于一组概念矩阵，它源于《古兰经》。这些概念产生了伊斯兰科学文化的基本价值观，并且形成了一种界限，科学是在这个界限内进步的。一共有十个这样的概念，其中有四个独立概念以及三组对立概念。

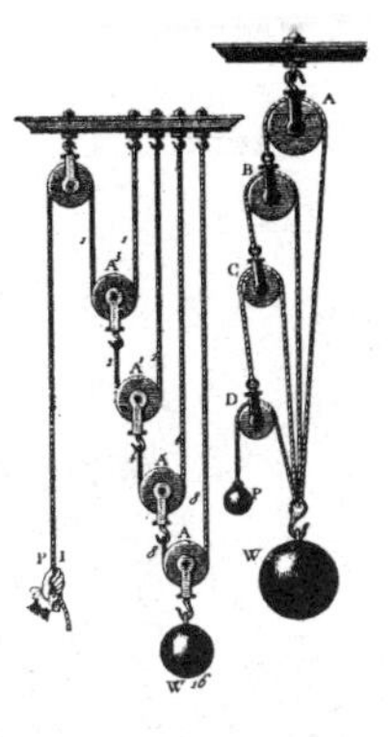

tawheed（认主独一，unity）

khalifah（托管，trusteeship）

ibadah（崇拜，worship）

ilm（知识，knowledge）

积极

halal（值得称赞，praiseworthy）—— haram（应受批判，blameworthy）

adl（社会公正，social justice）—— zulm（暴政，tyranny）

istislah（公共利益，public interest）—— dhiya（浪费，waste）

消极

认主独一（Tawheed）
与托管（Khalifah）

这些价值观是如何塑造科学与技术实践的呢？

通常而言，"认主独一"的概念被翻译为"神的统一性"。这种统一性被认定包含着人性的统一、人与自然的统一以及知识与价值的统一，它成为一种包容一切的价值。

"托管"意味着"人"对于任何事物都不具备独有的权利，他有责任维持和保存自己尘世旅程的完善性。

崇拜（Ibadah）：非暴力性的沉思

但正是因为知识无法通过对自然的完全开发而求得，人并没有被简化为一个被动的观测者。恰恰相反，崇拜（Ibadah）是一种义务，因为它导向对于"认主独一"和"托管"的领悟。正是这种沉思成了使科学实践和伊斯兰价值观系统一体化的因素。崇拜，或称对神之统一性的沉思，有许多表现，在这些表现中对知识的追求是最主要的。

这样的体系推进了历史上的伊斯兰科学朝向顶峰的发展，并没有限制研究的自由，也不会对社会产生不利的影响。重新发现伊斯兰科学性质与风格的当代研究，对穆斯林世界的政策和科学内容都会有巨大影响。

重新发现印度科学

对于印度科学的类似探讨出现于 20 世纪 80 到 90 年代。此现象与数不尽的学术和激进组织之间有着很强的联系，这些组织参与了定期举行的印度传统科学与技术大会。

用两条腿走路

印度一直苦于受到"资源匮乏"的严重制约，因为它并未意识到本土、传统资源根基的存在。此前，"资源"只涵盖某些特定的材料、程序、技能和理论，它们都是西方在完成了彻底的现代化与国际宰制后所使用的。把印度只限制在这些选项上，就像参加一场把两腿绑起来的跑步比赛一样。

西方的自然观

对科学的后殖民批判主要关注其对于自然、宇宙、时间和逻辑的基本假设。正如印度学者阿希斯·南迪与克劳德·阿尔瓦雷斯（Claude Alvares）这样的后殖民批评家所说，所有这些假设都是**种族中心主义**的。

在现代西方科学中，自然被视为是具有敌意的、一种要受到统治的东西。在从中世纪到现代思想，从封建主义到资本主义，从托勒密到伽利略天文学，从亚里士多德到牛顿物理学的转变间，西方对"自然的祛魅"是一个至关重要的因素，

其他自然观

这种自然观与其他文化及文明视角下的自然形成了鲜明的对比。例如在中国文化中，自然被视为一种自发的自组织实体，它将人类作为一个完整的部分包括在内。在伊斯兰文化中，自然是一种被托付的东西，它应当受到尊敬和耕耘。人类与环境是一个连续体——一种结合起来的整体。

假设塑造科学

与此类似，现代科学将时间视为直线式的，而其他文化则将时间看作循环式的，例如印度教，或者像伊斯兰教的观点，认为时间是一张挂毯，将现在与永恒时间一道织入未来。

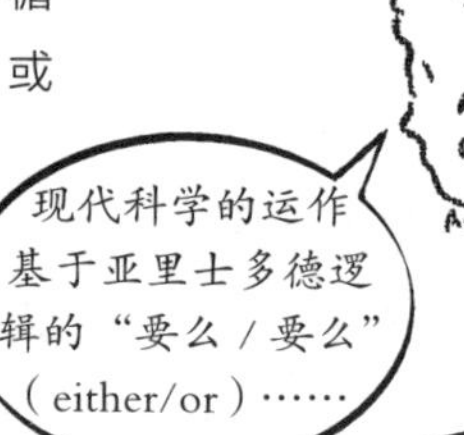

印度的四重式逻辑既是象征性的，也是一种认知逻辑，可以不依靠量化而对于普遍的命题做出精确且明白无误的阐述。

克劳德·阿尔瓦雷斯

什么被假设为"有效率的"

这些西方科学的形而上学假设在其内容上得到了反映。正如印度物理学家已经证明的那样，对某些科学法则的阐释，是用一种民族中心主义和种族主义的方式表述出来的。在经典物理学中具有核心地位的热力学第二定律便是一个例子。

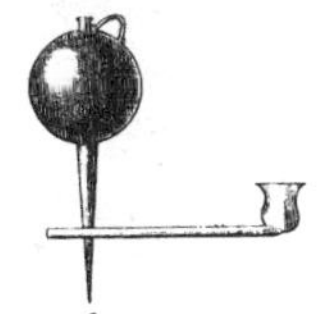

在这个新定义下，自然与非西方世界两者都变成了失败者。比如季风——跨越大洋，运载无数吨的水跨越次大陆——是"低效的"，因为它是在常温下运转的。与之类似，传统手工业与技术被冠以低效之名，受到了边缘化。

基因差异假设

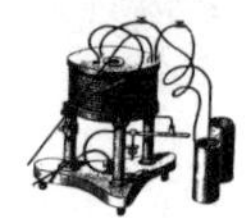

在生物学中，社会达尔文主义是进化论法则的一个直接产物。基因研究执着于解释不同人之间的基因是如何变异的。尽管我们每个人 99.7% 到 99.9% 的基因都是相同的，但基因研究针对的则是极小比例的不同基因，为了发现不同种族特征之间的相关性，例如肤色，以及智力或"惹麻烦的"行为方式。

看看**优生学**是怎样以周期性的规律一再重现的吧！智商测试、行为控制、婴儿研究和社会生物学机制，都是现代科学之中根深蒂固的种族偏见的标志。

科学的种族经济

　　了解了现代科学的欧洲中心主义假设，我们也就不会对这一点感到意外了：科学的裨益很不均衡地分配给了那些已经过度发达的西方群体，以及他们在其他地方的同盟，而成本则不当地分摊给了余下的每一个群体。

科学的"价值"

发展中国家的科学一直都反映着西方的优先权。

在超过五十年的科学发展期间，大多数第三世界国家并没有任何科学发展的迹象。科学的裨益拒绝施与穷人。

中立性神话

即便我们忽略其他所有的论证与证据，现代科学对价值无涉性与中立性的主张，本身就显示出现代科学是一种种族中心主义且极其西方化的事业。

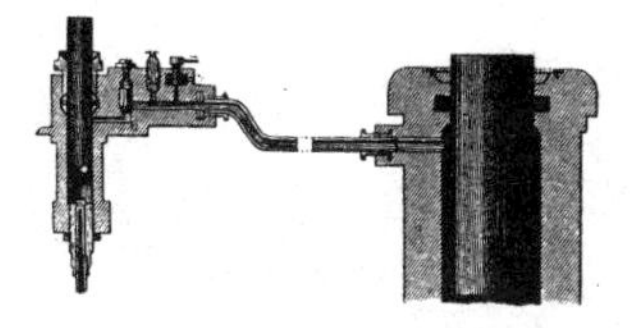

通过试图掩盖外表下面的价值取向，通过假装中立，通过试图垄断绝对真理的概念，西方科学将自身变为一种主流且具有主导性的意识形态。

科学内部与生俱来的偏见，被一场名为"社会认识论"的学术运动所详细审查。

社会认识论

作为一场批判运动，社会认识论出现于 20 世纪 80 年代，该运动关注与认知的本质相关的基本问题。史蒂夫·富勒（Steve Fuller）是社会认识论学派的创立者，他和他的学生关注于调解科学研究中的**规范性**方法与**经验性**方法。

……
经验性方法的确一直受到历史学家和社会学家的追求，他们研究科学"实际是"怎样的。
哲学家推崇那些毫无希望的、理想化的规范，而历史学家和社会学家则避免从他们的著作中得出任何政策结论。
"社会认识论试图调解两种方法。它致力于发展出一种更加整体性的研究理念，而非种种相互疏远的知识形式，后者构成了普通大学中的学位课程。"
史蒂夫·富勒

社会认识论提出什么问题…… 

我们要的是什么样的知识？

为的是什么结果？

应该由谁生产它？

代表着谁的利益？

我们应当怎样利用它？

它包括组织论坛讨论，在其中不同的学科视角都必须就共同关注的问题彼此互动。

科学交流

追求社会认识论的另一种方式，是通过提升课程中修辞的重要性，尤其是通过鼓励科学学专家加入"科学交流"计划，在其中那些已经具有科学学位的人试图成为科学的"公共关系"力量的一部分。

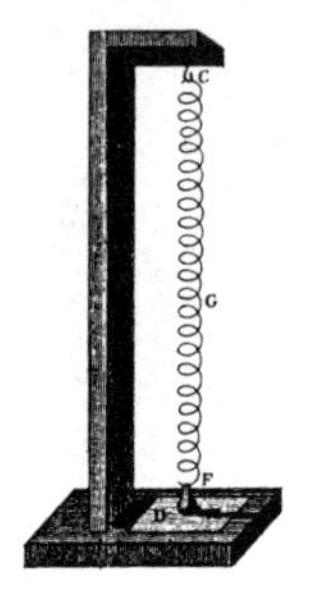

文化多元主义与科学知识

社会认识论对于促进文化多元主义是有帮助的——文化多元主义是一种工具，它展望知识的组织与生产具有的其他可能的目的与方法。然而，此处的目标并不在于保存独特的"地方知识"，例如像博物馆展览那样，而在于使得一种文化从其他文化知识生产实践的成败中汲取教训。

科学大战

在 20 世纪后半叶相当长的一段时间内，科学家多少接受了一些科学社会学家、社会建构论者、社会认识论者、女性主义者和后殖民学者的批判，他们继续做着自己一贯在做的事，偶尔会有一位科学领域德高望重的政治活动家——这个人通常是史蒂文·温伯格（Steven Weinberg）——起身保卫那旧日美好的科学价值观。

保卫科学

科学家、社会科学家和其他学者广泛地结成联盟，通过一系列盛大的、资金丰富的且受到高度宣传的研讨会，他们被动员起来保卫科学。其中最具影响力的是**逃离科学与理性**（*Flight from Science and Reason*）研讨会，它受到纽约科学院的资助，于 1995 年夏天在纽约举办。

会议声称，讨论主题是关于理性及其在科学上的应用的——以及这些东西在我们时代的现状。

反对"学术左派"

科学纯洁性的维护者坚信，存在一个来自"学术左派"的反科学阴谋。

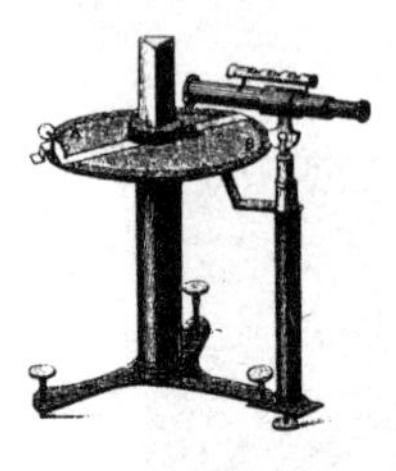

保罗·格罗斯（Paul Gross）与诺曼·莱维特（Norman Levitt）广受引用的著作**《高级迷信：学术左派及其同科学的争论》**（Higher Superstition: The Academic Left and Its Quarrels with Science，1994）成了一部科学守卫者的非官方宣言。

有一种来自"左派"的公开敌意，针对科学知识的实际内容，针对一个假设——人们或许会认为该假设在受教育人群间是普遍的——科学在理性上是可靠的，它建立在一种牢靠的方法论之上。

入场，索卡尔（演出开始）

杜克大学杂志《社会文本》（*Social Text*）很可能是文化研究阵营最神圣的阵地之一。在它 1996 年春／夏季刊封面上写着：

SOCIAL TEXT

46-47

科学大战。作为反对"政治正确"战役的一部分，科学学的历史和理论正变得越来越屈从于严格的政治审查。在这一期由安德鲁·罗斯（Andrew Ross）主编的特刊中，科学的社会研究和文化研究中的许多领军人物，对该领域最近的争论作出了一些回应。这期杂志的投稿人包括桑德拉·哈丁、史蒂夫·富勒、艾米丽·马丁（Emily Martin）、希拉里·罗斯、兰登·温纳（Langdon Winner）、多萝西·尼尔金（Dorothy Nelkin）、乔治·莱文（George Levine）、沙朗·特拉维克（Sharon Traweek）、莎拉·富兰克林（Sarah Franklin）、理查德·勒温（Richard Lewin）、乔尔·科威尔（Joel Kovel）、斯坦利·阿罗诺维茨（Stanley Aronowitz）、安德鲁·罗斯（Andrew Ross）、勒斯·勒维多（Les Levidow）及阿兰·索卡尔（Alan Sokal）。

杂志主编安德鲁·罗斯将科学描述为一种新型宗教，将《高级迷信》轻视为一种肤浅的"吼叫"之作，认为它属于建制完备、撒谎成性的右翼学术传统。

在元老院（Curia）——也就是科学学的枢机主教团——发表正统宣言之后，一位来自纽约大学的物理学教授阿兰·索卡尔作出了奇特的贡献。这篇论文名为《越过界限：朝向一种变化的量子引力阐释学》。即便以建构主义的那种极端相对主义传统来看，该论文也有些不寻常。

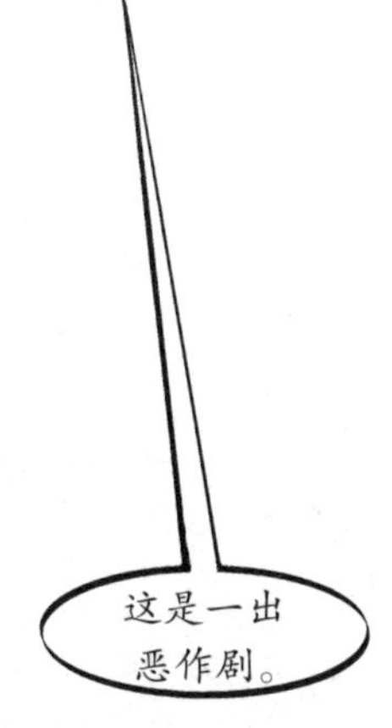

该文的参考书目，看上去像是一个精心编写出来的科学批评家"名人录"，与论文的内容几乎没有关系。它还包含对杂志主编安德鲁·罗斯和斯坦利·阿罗诺维茨的著作令人尴尬的谄媚引用。不过，《社会文本》的编辑们自己没能理解其中的意义。

对后现代主义的闪电战

当索卡尔公布他的恶作剧后，"科学大战"在媒体的聚光灯下公开化了。

索卡尔用**《智力欺诈》**（*Intellectual Impostures*，1997）一书进一步推进了他的恶作剧，他在书中挑战了整个法国左翼后现代当权派。

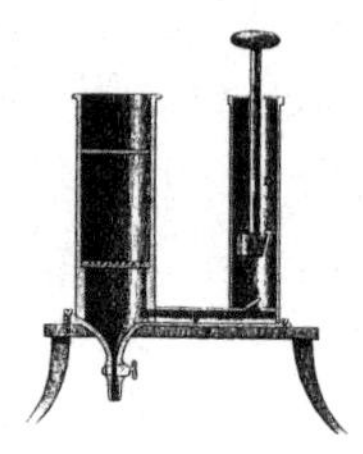

超越恶作剧

索卡尔的恶作剧证明了许多科学的激进批判家、后殖民批判家已经在怀疑的东西。

科学的公众理解

　　但我们不能允许科学大战，或者说不能允许某些建构主义者立场的高度主观性，去分散我们对真正问题的注意：科学的权力与权威性，以及它负载价值的本质。

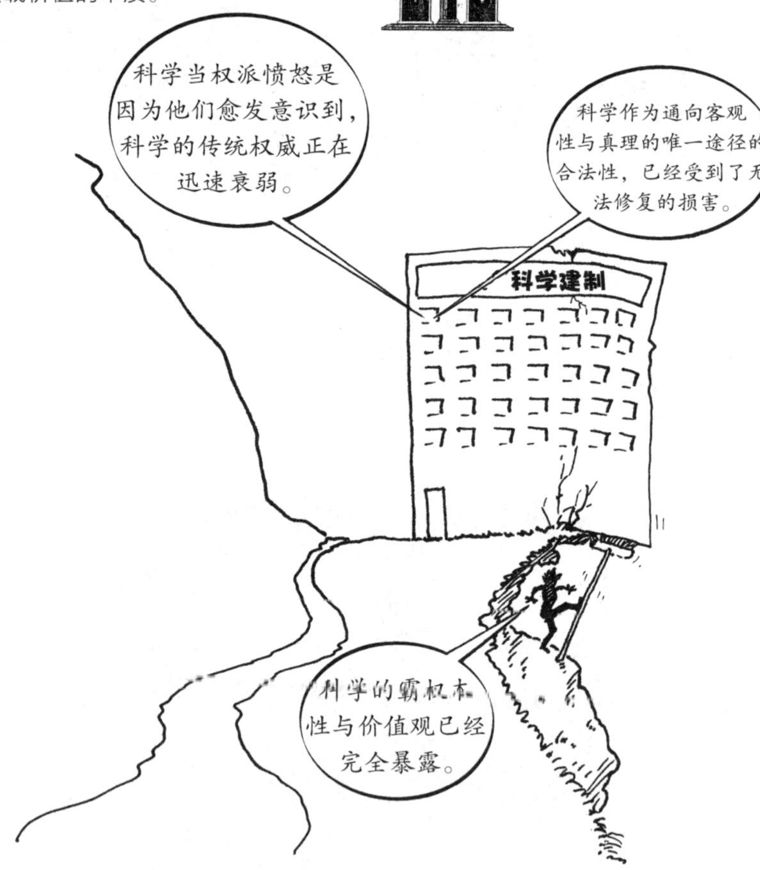

　　因此，科学的深层关怀围绕着"科学的公众理解"。

　　科学的公众理解（PUS）运动出现于 20 世纪 90 年代。它受到了科学机构本身的支持，从研究机构和政府机关那里获得了主要的资金支撑。它在很大程度上基于这样一个假设：如果大众对于科学的技术层面有着更好的理解，他们会对科学和科学家产生更多的尊重。

---

* 该运动的英文缩写 PUS 有"流脓"的意思。——译注

公众关注 vs. 责任性

"PUS"这个命名被用于描述实践上的一种连续统一体。在连续体的一端，是包括科学家在内的一些人，他们将 PUS 视为一场公关实践，甚至是一种说服读者的方式，以让读者相信饱受争议的科学领域并不存在什么问题。在连续体的另一端，是包括关注社会责任的科学家在内的一些人，他们希望对研究的未来展开真正的对话。

在各种各样的 PUS 计划下，科学家受到鼓舞，努力学习交流技巧，以便与公众展开富有智慧的对话。新闻工作者也受到鼓舞，对科学进行了更加精确和广泛的报道。

总体上，科学共同体在大多数时间内，都表现得对媒体关于科学的报道不感兴趣。因此，当具有争议性的话题出现在媒体上时（例如基因改造），公共关系科学家会尽快采取"损失控制"，掌控这场辩论的术语。

科学家通常会被媒体对他们的描述逗乐，或是为此感到困惑。这个情形的确像是在黑夜中行船。

多萝西·内尔金
(Dorothy Nelkin)，
纽约大学

科学是如何改变的

科学家和公众两方面都需要意识到，科学正在急剧地发生变化。它的变化并不仅仅在于公众认识科学的方式——尽管在 20 世纪的最后十年，这是科学经历过的最大变化之一。公众现在也意识到了，偏见、欺诈，同行之间的嫉妒和傲慢，争名逐利的欲望，这些东西总体上在科学家之间就和在大众中间一样常见。

科学中的改变，比那些容易感受到的东西要深刻得多……

实际上，科学变化的方式取决于它受到资助的方式，它变为由商业所驱动，它的内部结构也发生了变化。

在概念上，科学发生变化是因为不确定性与无知，如今这两者对于所有科学尝试都是至关重要的因素。

资助的
关键

资助的来源或许是新价值观进入科学的最明显方式。

资助经常会影响对研究问题的选择。如果资助来源于政府，那么它会反映政府优先考虑的……

第二次世界大战之后，美国的科学资助受到了三方的主导：政府、工业和大学。从 1953 年到 1978 年，联邦政府提供了全部研究开发（R&D）中百分之五十到百分之六十的资金。超过一半的资助都与国防研究有关。这些资金流向了大学和受联邦政府赞助的研究机构，流向了公立和私立的实验室，这些机构进一步拓宽了联邦政府的研究目标，例如军事安全。

研究中的公司资助

1978 年后，研发的商业资助开始超越政府的资助。到 20 世纪 90 年代早期，美国的公司资助了超过半数的研究。如今工业上的研发支出是联邦花费的二到三倍。因此，大多数大学中的研究都是由工业资助的。

利润动机

科学就是利润。利润常常能决定
科学的方向。旧的军事工业系统正在
被公司 – 大学 – 私营研究实验
系统替代。科学成为了另一种
商品，生产出来就是为了把
它销售出去。

科学的方向是什么？

我们可以看到，科学与利润的结合处在一个大的转变之中，即在后冷战时代从物理学向生物学的转变。从没有哪家私营公司会赞助一个大型粒子加速器项目，但人类基因组图谱计划受到了美国和英国私营企业的热切推动。

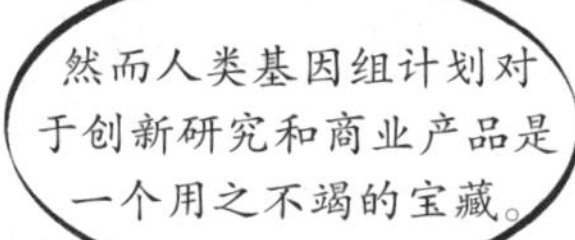

什么东西吸引了科学的注意力？

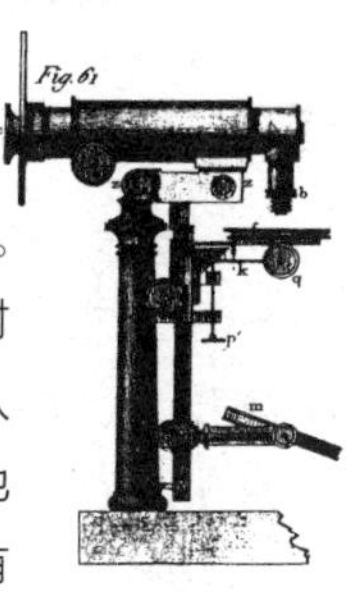

受商业驱动的科学具备两个主要特征。它关注于一些特定的研究领域，代价则是对其他领域的忽视；对于那些大多数社会认定为"常识"，以及大多数个人认定属于他们固有的私有财产的东西，它却宣称自己有着所有权。

但既然利益与魅力联系在一起，这也意味着通常受到名人支持的事业会得到高度关注。

对"名人问题"的关注

世上存在两百种癌症。但只有几种癌症既受到了重视，又有研究资金的支持。例如在英国，乳腺癌受到了高度关注——它得到了大量资金援助以及大量媒体宣传。为什么？仅仅因为它受到了一大堆胸部丰满的超级模特和明星的支持。

受商业驱动的科学也会用一种特别的方式定义"问题"。比如，"癌症问题"被纯粹视为"寻找一种治疗方式"的事情。这意味着科学研究会使得特定的团体受益，尤其是制药公司。

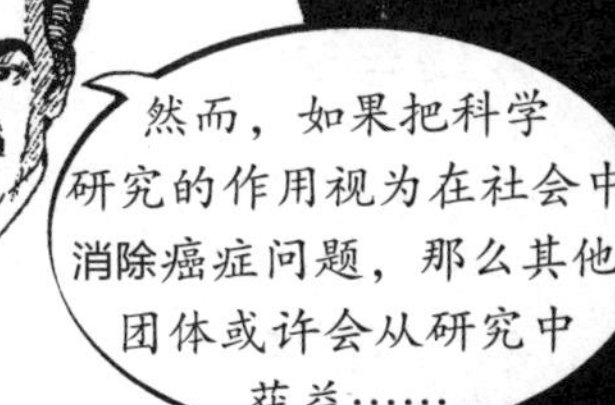

人口与贫困

与之类似，"发展中国家问题"是根据"人口"来衡量的。研究集中于第三世界妇女的生育体制、绝育方法以及新的节育方式——这些都会导致西方生产出来的产品销往发展中国家。

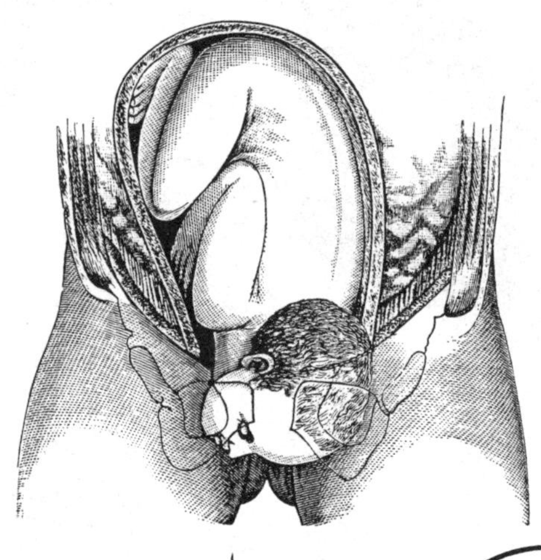

研究重点会转向消除贫困、发展低造价住宅、基础且经济的医疗卫生服务系统，以及能创造就业机会（而非创造利润）的技术。

申请知识专利

科学的商品化造就了一种对专利的"淘金热"。任何能想到的有用的东西，现在都专利化了，包括事关性命的东西——DNA序列——以及应用实验技术。

科学的新掠夺本性，在发展中国家那里最为明显。非西方遗传资源的专利申请从尼姆树（the neem tree）开始，我们接下来就会看到。

尼姆树

尼姆树的学名为印度苦楝树（Azadirachta indica），是一种耐寒、生长极快的常青树，它在印度次大陆较干旱地区为每一个村庄增光添彩。*Upavanavinod*，一本关于造林业和农业的古老梵文著作，描述了尼姆树该如何用于防止植物受到虫害，治疗生病的家畜和家禽，以及加固土壤。

围绕尼姆树还有一系列药方，用于治疗例如麻风病、溃疡、糖尿病、皮肤病及便秘之类的疾病。其他文本将尼姆树认定为一种强效杀虫剂，用来对付蝗虫、褐飞虱、线虫、蚊子幼虫、甲虫和棉子象鼻虫。

　　在 20 世纪 70 年代早期，一位美国木材商注意到印度农民使用的尼姆杀虫剂，比进口的西方杀虫剂有效得多。他对一种名为 Margosan-0 的尼姆树杀虫提取物实施了安全和特性试验，然后在 1985 年对该产品申请了专利。三年以后，他将该专利卖给了 G. R. 格蕾丝公司（G.R. Grace and Co.），一家跨国化学品公司。闸门一下子被打开了……

对原存知识的盗用

受商业驱动的科学参与到了将非
西方基因资源、原存知识和古代学问
专利化的活动中。墨西哥豆、菲律宾
香米、玻利维亚藜麦、亚马逊死藤水、
西非甜薯——所有这些都成了掠夺性
的知识"财产认领"的对象。

　　甚至连那些受人敬重的大学，连同那些
科学个体户投机商，都借助"研究"的伪装
进入了各种土著社区——然后他们会剽窃、申
请专利，再向更大的企业出售他们的"发明"。

科学家在加蓬运用当地农民的知识，识别出了一系列特别的西非超甜浆果。浆果中的有效成分作为一种蛋白质被贴上了标签，即"甜味蛋白"，据称比蔗糖甜两千倍，因此也成了一种天然低热量甜味剂的理想候选品。在 1994 年到 1998 年间，有四种关于甜味蛋白的专利得到了授权。

愈演愈烈的盗用

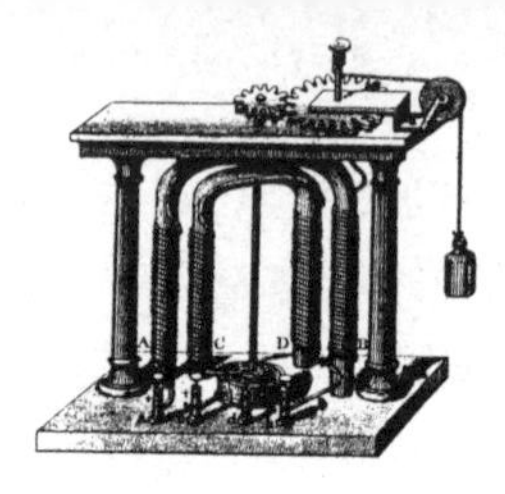

在某些情况下，整个土著系统都受到了侵犯。千百年来，墨西哥地区的玛雅人社区发展出了一套内容丰富且精细复杂的医学知识体系。科学家使用该体系来指导他们的研究。玛雅的"巫医"和"萨满"受到采访，他们的草本植物被收集和分析，他们的药物配方被仔细研究。

巴布亚新几内亚岛上有一个名为 Hagahia 的部落，他们的血细胞被专利化了，因为他们被一种会导致白血病的病毒感染。该专利用以开发一种治疗白血病的方法。

模式 2（Mode 2）知识

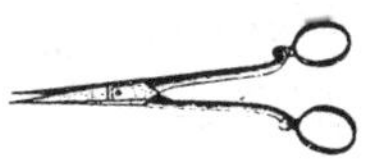

科学的完全商品化，以及它愈发受到商业和消费者兴趣主导的状况，都在从内部改造科学本身。

传统的科学知识生产，产生于认知语境中一种单一学科的范围之内。而现在，它受到了一个新体制的替代。这个新的体制被称为"**模式 2 知识生产**"（Mode 2 knowledge production）。迈克尔·吉本斯（Michael Gibbons）及其同事的重要著作**《知识生产的新模式》**（*The New Production of Knowledge*, 1994）描述了处在模式 2 下的知识生产的几种属性。

· 科学工作不再受限于传统的科研机构，如大学、政府研究中心和公司实验室。生产出知识的场所将会增加。科学工作也会由独立的研究中心、工业实验室、智库和咨询公司来完成。

· 这些场所将会以各种各样的方式联系起来——电子化、组织化、社会化、非正式化——通过用于交流的功能网络。

· 在这些场所和研究区域中，同时会出现在专业方面愈发精细的分化。这些子领域的再结合与再配置，将会为实用知识的新形式奠定基础。

"其结果是，大多数科学家都会成为合同工；他们会以'可替代'的临时研究团队的形式工作，他们专门聚到一起研究一个特定的问题，在每个项目得出结论时，他们会被重新调动，或者被弃用。研究者们会完全变得无产阶级化，因为他们失去了自己的财富——既在稳定的、基于范式的研究技能方面，也在他们对自己研究成果的权利拥有方面。"

J. 拉维茨

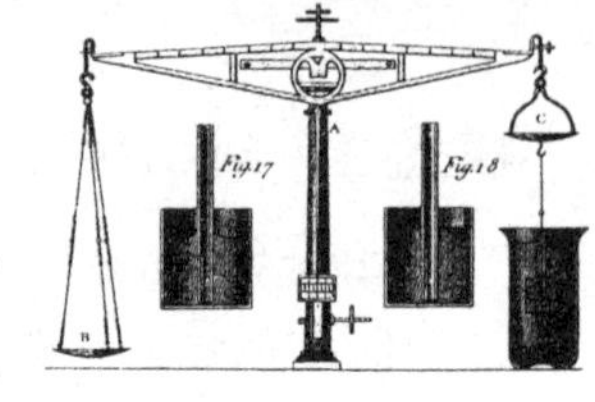

模式 2 知识的后果

对于科学在过去几个世纪以来所处的社会结构类型而言，"模式 2"是一种极端的背离。在这些新型社会关系中，有几种正在出现的问题可以确认。

比如说……

· **什么能够保证**……

"学院"机构的保留？该机构对于训练和创造力来说仍是必需的，然而它在新型知识生产模式中将不可避免地被分解吸收。

· **什么能够保证**……

质量控制的维持？在一种完全"商品化"的事业中，传统的非正式"共同体"技能、礼仪和奖惩方式都会变得毫无意义。

· **什么能够保证**……

独立性和批判性的存留？对那些难以管束因素的管理，不再需要以解雇作为粗暴威胁，而只是需要对黑名单采取更加精细的控制。

· **什么能够保证**……

那些有天分的年轻人得到招募？独立的知识探索者的职业形象，如今替换成了模式 2 中按合同办事的"极客"（geek）。

模式 2 中的不确定性

科学家对不确定性有着长久的认识。每当他们开始研究一个问题，可能的答案在某种程度上总是不确定的。但在常态科学中，不确定性是十分微小的；人们几乎可以肯定谜题将得到解决，可能的答案只处在一个狭小的范围之内。

精细结构常数 α^{-1} 的连续可接受值（来自 BN，伦敦基础常数与量子电动力学研究院，页 7）

当**政策牵涉**其中，当**受到消费者驱使**的科学朝向模式 2 的知识生产方式偏移，不确定性也就会占据中央舞台。为什么不确定性会成为核心问题？

悬而未决的政策辩论

在政策辩论中，不确定性必须始终与"错误成本"保持平衡。比如，在全球气候变暖的案例中，有些人主张美国经济绝不能受到能源限制的损害，除非能完全确定气候变暖的事实。

在实际中塑造所有研究的价值认定（value-commitments），在此处是十分开放、清楚明确且受到辩难的。不确定性能怎样影响政策，可以通过"疯牛病"这个骇人的例子得到阐明。

"疯牛病"

"疯牛病"，或称牛海绵状脑病（Bovine Spongiform Encephalopathy，BSE)，在 20 世纪 80 年代作为一种原因未知的地方怪病侵袭了英国，尽管几乎可以肯定，这与集中饲养以及非自然的饲养方式有关（草食性的牛被人用动物蛋白喂食）。随着这种疾病的扩散，科学顾问不得不对一些不确定性进行歪曲，歪曲的内容包括此事的最终经济损失，通过大规模屠宰来实现控制的代价，以及该疾病传染给人类这样一种看似不太可能但仍可想见的可能性。

防范的方法实在太不够、太晚且太过片面。到 1996 年，一种能使人类感染的病害形态得到了确认，这引发了短暂而广泛的恐慌。国家决心等待，以观察究竟会出现受隔离的灾难，还是会出现群众性恐慌。

MMR 恐慌

在事关对普通传染疾病的控制进行决策的情境下，我们也会看到不确定性。英国卫生部有一项严格的政策，要求孩子同时接种三种常见儿童病的疫苗："MMR"，即麻疹（measles）、腮腺炎（mumps）与风疹水痘（rubella, chicken pox）。每一种疾病都会对一小部分罹患者产生严重的影响。

流行病学研究被认为存在缺陷，并受到了批评者的拒斥。在事实方面人们完全无法达成一致，而在价值方面也存在争论——对阵的双方，一方是公共的利益，另一方是**我的**孩子受到严重伤害的风险。如果出现大量拒绝接种"三联针"的情况，可能会使在未接种者之间出现麻疹流行病这一真实风险出现。

评估大局

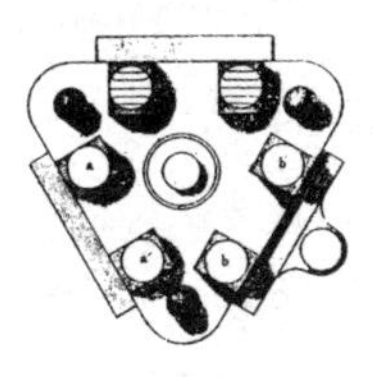

在所有这些例子中，不确定性都远远超出了仅属"科学"的范围。当制订计划之人考虑着未来洪水的威胁（这是全球气候变化很可能导致的一种结果），他们的决定将面临充满冲突的前景。

在所有这些问题中，不确定性都很严重，多方面的利益太容易在彼此间产生冲突。

数据错误

在科学的深处，可以发现同样程度的不确定性。在任何牵涉到统计学技术的实验中，人们要在类型一错误（拒绝一个真实的假说）和类型二错误（接受一个虚假的假说）之间做出选择。通常来讲，类型一错误被认为更加严重，而研究者们会自主地对他们自己的试验作出相应调整。

对不确定性的处理问题，会将我们引向"无知"这一话题。

无知的地位

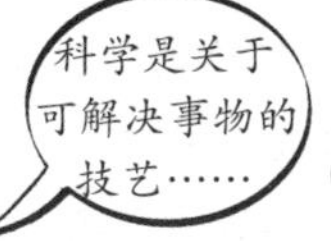

彼得·梅达沃爵士（Sir Peter Medawar, 1915—1987），英国免疫学家与诺贝尔奖获得者

这个简洁优美的构想，揭示出了科学探究的限制及其世界图景中的很多东西。

因为，不可解决的事物并不属于科学。它并不算数，它并不存在。

这种受限的科学观在过去巩固了自己的力量。可现在，它向未来展现出了危险。首先，我们会发现科学很少会"一揽子"地解决问题——总是存在一些例外的点，它们无法得到解决。在核能所生产出的放射性废料的例子里，这些棘手而无法处理的问题通常会被忽视掉，直到它们突然在各个方面引发危机。

将科学限制到"可解决"的问题上，对于我们的知识观和世界观也会有其他的、甚至更加深刻的影响。因为它要求把**无知**完全地排除出我们的观念。无知并不是通过常态研究的方式便能得到解决的。因此，我们对于它的存在没有任何概念。

无知的选择

　　承认无知，对科学活动中一个非常现实的问题极其重要：**优先性**与**选择**。无论何时，一个得到提议的研究计划被赋予了较低级的优先性，即是它还没有开始进行。结果就是，获得新知识的机会也就丢失掉了；而在那个领域，我们依旧是无知的。

"通过关注无知而非知识，我们可以摆脱科学建构主义理论中的一些相对主义、怀疑主义的暗示。将无知想象为受价值和权力所制约，对我们来说是更加容易的。"

J.拉维茨

"无知的平方" 

对先知的无知——或者说"无知的平方"，是近来欧洲思想史中的一个现象。一直以来，从柏拉图到笛卡尔，对无知的无知是一种在哲学家之间受到承认的范畴。苏格拉底的寻索是认识到自己的无知。无知在伊斯兰、印度和中国的科学与哲学中也是一个重要的概念。文艺复兴的人文主义作家尤其突出了这种无知的平方的意义，将其视作智性上最差劲的失败。

怀疑的终结

一旦怀疑被笛卡尔所攻克，它便几乎不在科学哲学中出现了。但在我们的时代，它已经复仇般地回归了。在与宇宙论的思辨性理论有关时，它是有趣的。

安全性与不可知者

　　科学中的每一次进步，都将我们
引向新的、隐藏的危险。比如，考虑
一下科学家如何向公众保证，声称转
基因的农作物其实比那些通过传统工
艺生产出来的更加安全。这是因为，
科学家可以直接修改那些决定可欲特
质的基因，同时对其他一切问题置
之不理。他们中的很多人都真
的相信这一点，但结果证明这
是虚假的。

　　最后，新型基因一旦扩散开来，自然
环境中会发生什么，这个问题几乎只能依
靠纯粹的推测。我们或许能在最初几茬农
作物那里侥幸躲过它的影响，但在那之后，
环境灾难可能在任何时候袭来。

转基因的其他风险

转基因出问题的例子有很多。

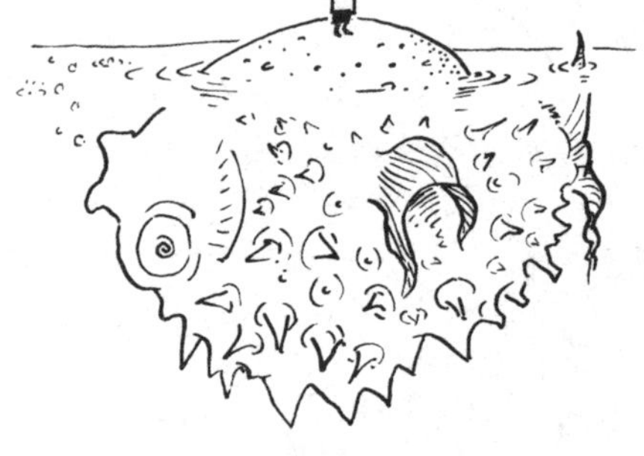

许多始料未及的复合物也被生产出来，那是干扰了土豆新陈代谢的结果。

增加不确定性的风险

这些个别的例子表明，在渐趋扩大的范围内，随着基因技术变得愈发完备且日常化，有可能发生什么样的事情。没有办法知道会出现哪些有害的影响；其中的一些影响一定无法从标准化的安全检测中探查出来。这些例子，以及先后在英国和欧洲大陆出现的 BSE（"疯牛病"）危机，表明了我们对于可能出现的危害的无知，与对我们可能通向这些危害的途径的有限知识相比，前者对政策更加重要。

超越常态

　　无知与不确定性的结合，以及科学的实际变化——包括资助、商业化、安全性的复杂问题以及新的知识生产类型——所有这些都意味着科学不再以"常态"的方式起作用。

　　我们发现自己处在一个远非常态的位置上。无论何时，当一个政策问题牵扯到科学，我们会发现……

· 事实是不确定的。

· 价值是有争议的。

· 风险是很高的。

· 决策是亟须做出的。

· 复杂性属于常态情况。

· 人工的风险或许会失控。

· 地球与人类的安全正处在严重的威胁之下。

后常态科学（Post-Normal Science）

后常态科学（PNS）始于这样一种意识，即我们需要一种新的科学方式。科学的旧日形象，即经验数据引导出真实的结论，科学的推理引导出正确的政策，这一套看上去已经不再那么可信了。

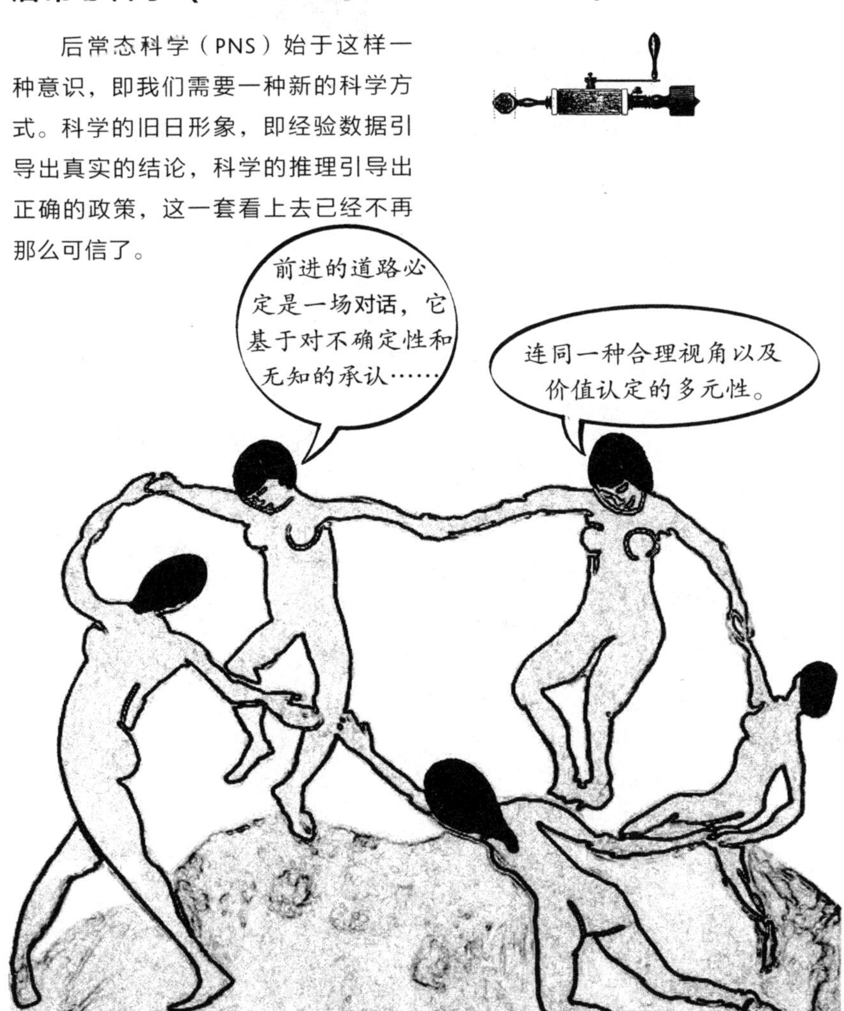

后常态科学是一种探究方式，它出现于科学和政策之间受争夺的交叉领域。它可以包括任何事物，从科学家与政策相关的研究，到公民关于该研究质量的谈话。

设定后常态议题

更确切地说，后常态科学包含一个由多阶段组成的循环，它持续不断地相互作用、重复并牵涉一系列议题。

- **政策**——政策的设立要依据社会的公共意愿，由各利益相关群体协商而来。

- **人**——谁在什么时候参与其中，谁选择他们，根据什么标准——以及由谁来选出这些选择者？

- **问题**——对确定任务的探究：时刻记住，确立一个问题会排除其他的问题，并造成对后者可能生产出的知识的无知。

- **程序**——不仅仅是技术，还有证明的负担：在何种程度上，危害之证据的缺失应当被视为危害本身不存在？

- **产品**——谁控制对它的管理和扩散，谁控制着控制者？

- **后常态评估**——在何种程度上，简单、整洁的实验室环境可以与复杂、混乱的政策世界以及实际经验对应起来？

在后常态科学的竞技场上……

·科学确定性被一场扩大开来的对话所替代。

·"专家"被一个"扩大的同侪集团"所替代，后者包含科学家、学者、工业家、记者、竞选者、政策制定者和普普通通的非专家公民。

·"铁一般的事实"被"扩大的事实"所替代，后者不仅包含公开发表出来的结果，还包含那些不属于公共领域的个人经验、地方性研究与科学信息。

·真理被质量（Quality）所替代，作为组织性的原则。

·科学原教旨主义被不同视角和价值认定的合法性所替代，后者将由围在政策问题谈判圆桌上的所有利益相关者决定。

后常态科学 vs. 建构主义分析

后常态科学与后现代科学探究方法，例如建构主义分析之间，究竟有着怎样的区别呢？当探讨到政策意义时，两者之间的对比会变得显而易见。

这是因为，建构主义运动是在学院之内开始并展开其全部课题的。它并没有约束和改进，而那些东西只能在与围墙外实际政策问题打交道时产生。

"通过将基本的评判标准从真理变为质量，后常态科学将从技术到伦理的所有维度里的批判与实践联系起来。它并不把质量理解为简单的属性；事实上，它是**功能性**的（与信息的用途相关）、**递归性**的（谁能监察那些监察者？）以及**道德性**的（脱离责任的最终源泉，所有的质量都会垮塌）。"

J. 拉维茨

后常态科学将那些必要的工具配备给我们所有人——科学家、公民和决策者，这些工具用来处理当代科学中固有的复杂事物、不确定性和风险。在做出我们时代的某些最至关重要的决策时，后常态科学强调要重视对不确定性和质量进行管理。冲突并没有被消除，但基于理性的和解却有了可能。

实践中的后常态科学

后常态科学如今在实践中的许多方面得到了实现。在欧洲，公民科学小组以及有共识取向（consensus-orientated）的科学会议的数量增加了。科学中心正在兴起，在各种关于科学和社会的问题上，对开放的公共辩论的要求与日俱增。

以"扩大的同侪集团"以及"扩大的事实"为核心理念，后常态科学把与女性主义、原存科学和环境正义相关的理论和运动包含在内。

更确切地说，后常态科学的原则可以被视为在"预警原则"（precautionary principle）、社区研究网络和科学商店中得到了实践。

预警原则

"预警原则"认识到科学的方法与实践中不确定性的重要性，它表明了对科学步入后常态的全球化认同。

这个原则如今在许多国际性管控法规中受到了推崇。该原则是什么时候以及在何种情况下发源的呢？

预警原则的起源

预警原则的经典构想，是在 1992 年的《气候变化公约》（Climate Change Convention）中首次阐明的。它被定义为"预期、预防或减少不利影响的措施"，针对在科学进步中"存在严重且不可逆转损害的威胁"。该定义规定，"绝对科学确定性的缺乏，不应该当作延后这些措施的理由"。

在制定对环境或人类、动物和植物健康存在风险的政策时，该原则越来越多地得到了使用。责任现在归到了生产商身上，他们要证明一个产品或工序是安全的。

　　预警原则表达了一种革命性的理念：**科学并不具备所有的答案**。某些计划之内的发展或许会造成一些至今仍然未知的危害，只要这一点得到了承认，问题也就转化为后常态性的了。

　　对预警原则进行自动化的应用将牵涉到"扩大的同侪集团"，他们带来了自己的责任——维护他们的自然、社会和精神环境。

社区研究网络

后常态科学坚持认为，公民
必须参与到科学之中。在美国，
有许多生机勃勃的社区研究网络（Community Research
Networks, CRNs）支持着非营利性群体和少数群体，试
图以此来找到医疗保健和污染问题的解决方案。他们
的活动根植于他们所服务的社区，且他们在所有层面
上鼓励公民的参与。他们工作的范例包括……

社区研究网络不仅仅
是将科学带给公民，他们
鼓励公民对自己的问题进
行科学化的思考。

关于社区如何利用科学来帮助他们自己，一个经典的例子来自 20 世纪 80 年代早期的马萨诸塞州的沃本。理查德·斯克罗夫（Richard Sclove）——艾莫斯特市洛卡学院的主管——解释道……

二十年之后，沃本的孩子们罹患白血病的情况已经到了警戒比率。其他儿童病——泌尿和呼吸疾病——也异乎寻常地普遍，还有流产现象。白血病罹患者家庭最早发现了疾病扩散的地理格局。

这是故事的开始……

社区的回应……

沃本的病患家庭开展了他们自己的流行病学研究，以此来作出回应。

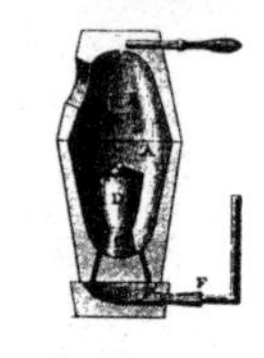

有两个关键因素促成了
沃本案的成功结果。

哈佛大学公共卫生学院与约翰·斯诺公司（John Snow Inc.，一家非营利性组织）与受害者家庭一道进行了至关重要的研究，他们代表了后者的利益。

基于社区的研究可以获得怎样的成就，沃本案提供了一个范例。

科学商店

　　科学商店致力于提供独立的参与性研究支持，对公民社会的关切作出回应。他们的主要功能是增进公众对于科学和技术的使用权，以及公众对科学和技术的意识。

　　科学商店最初在荷兰得到发展。在过去二十年间，荷兰大学网络建立了大量的科学商店，用以引导、协调并总结关于社会和技术热点问题的研究，回应社区团体、公益组织、地方政府和工人所提出的特定问题。

很多科学商店在特定领域中发展出了专长。客户常常被指引到那些最适合处理他们特别关注问题的科学商店。

在许多其他方面，荷兰的体制已
帮助环保主义者分析了工业污染物，
帮助工人评估了新型生产流程的安全
性及雇佣后果，还帮助促进了社会服
务人员对于叛逆青年的理解。

荷兰体制激发了丹麦、奥
地利、德国、挪威和捷克共和
国的科学商店的出现。

现在何处？

对科学的理解困难，不再集中于逻辑和知识等抽象问题上面。那些东西都属于过去的时代，那时的科学作为世俗社会的标志，与神学之间存在冲突，而神学是教会主导的社会秩序的核心。

科学越来越受到私人利益和集团权力的主导，这一点不能再被掩盖起来了。科学的每一次进步，都会遭遇到不确定性、无知、安全性和控制的问题。这场斗争，已经超越了科学研究、控制以及科学产物之使用的形态和方向。

民主的解决方式

科学是民主的最后边界。它仍然渴求着"普遍的知识"，但它仍停留于一个自我选拔出的少数人团体中，他们的工作被"同行评审"的程序所围绕，越出了公众的审查。在这种精英主义还能起作用的年代，科学仍只是一种绅士追求，并不有求于更加广阔的社会和自然世界。

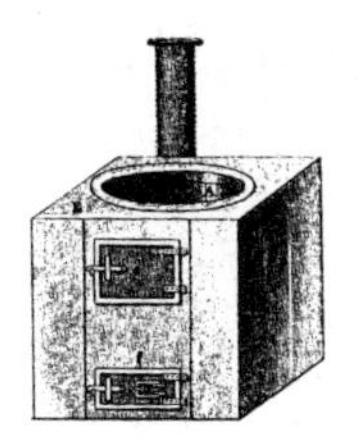

这是谁的科学？

科学实在太重要了，以至于它不能仅仅留给科学家，以及那些管理着他们的工作、控制着科学产品的人。几乎在科学事业的每个层面上，公民的参与都是必不可少的。

有许许多多的证据——从图书销售到电视节目——表明普通民众事实上对科学非常感兴趣且抱有好感。

这是我们的科学 

在科学学中，着实有一些切实的问题有待学者探究，而在一场新的科学大战中，也还有一场场真正的硬仗要打。但它们关注于可持续性、生存和正义。科学最后进入了政体当中；它不能再作为"常态的"解谜活动，由**谁买单**和**为什么**的问题抽象地加以引导，那样是不可行的。

延伸阅读

综述

Ina Spiegel-Rösing and Derek de Solla Price (eds.), *Science, Technology and Society: A Cross-Disciplinary Perspective* (London: Sage, 1977);

Colin A. Ronan, *Science: Its History and Development Amongst the World's Cultures* (New York: Facts on File, 1982);

Sheila Jasanoff et al. (eds.), *Handbook of Science and Technology Studies* (London: Sage, 1995);

Steve Fuller, *Science* (Buckingham: Open University Press, 1997);

Mario Biagioli (ed.), *The Science Studies Reader* (New York: Routledge, 1999).

科学政治学

Ziauddin Sardar, *Science, Technology and Development in the Muslim World* (London: Croom Helm, 1977);

David Dickson, *The New Politics of Science* (Chicago: University of Chicago Press, 1986);

Tom Wilkie, *British Science and Politics Since 1945* (Oxford: Blackwell, 1991);

Sandra Harding (ed.), *The Racial Economy of Science* (Bloomington: Indiana University Press, 1993);

Margaret Jacob (ed.), *The Politics of Western Science* (New Jersey: Humanities Press, 1994);

Richard Sclove, *Democracy and Technology* (New York: Guilford Press, 1995);

D.M. Hart, *Forced Consensus: Science, Technology and Economic Policy in the United States, 1921—1953* (Trenton: Princeton University Press, 1997);

Jane Gregory and Steve Miller, *Science in Public* (Cambridge, MA: Perseus, 1998);

Sheldon Rampton and John Stauber, *Trust Us, We're Experts* (New York: Penguin Putnam, 2001).

科学哲学

Karl Popper, *The Logic of Scientific Discovery* (London: Hutchinson, 1959) and *Conjectures and Refutations* (London: Routledge and Kegan Paul, 1963);
Paul Feyerabend, *Against Method* (London: NLB, 1975), *Science in a Free Society* (London: Verso, 1978) and *Farewell to Reason* (London: Verso, 1987);
Imre Lakatos and Alan Musgrove (ed.), *Criticism and the Growth of Knowledge* (Cambridge: Cambridge University Press, 1970);
J. R. Ravetz, *Scientific Knowledge and Its Social Problems* (Oxford: Oxford University Press, 1971) and *The Merger of Knowledge With Power* (London: Mansell, 1990).

库恩

Thomas S. Kuhn, *The Structure of Scientific Revolution* (Chicago: University of Chicago Press, 1962);
Barry Barnes, *T. S. Kuhn and Social Science* (London: Macmillan, 1982);
Steve Fuller, *Thomas Kuhn: A Philosophical History for Our Times* (Chicago: University of Chicago Press, 2000).

科学史

George Sarton, *Introduction to the History of Science* (New York: Williams and Wilkins, 1947);
J. D. Bernal, *Science in History* (Cambridge, MA: MIT Press, 1979);
Joseph Needham, *Science and Civilisation in China* (Cambridge: Cambridge University Press, 1954—);

Ho Peng Yoke, *Li, Qi and Shu: An Introduction to Science and Civilization in China* (Hong Kong : Hong Kong University Press, 1985);

D. M. Bose et al. (eds.), *A Concise History of Science in India* (Delhi: Indian National Science Academy, 1971);

Debiprasad Chattopadhyaya (ed.), *Studies in the History of Science in India* (Delhi: Asha Jyoti, 1992);

Roshdi Rashed (ed.), *Encyclopaedia of the History of Arabic Science* (London: Routledge, 1996);

Donald R. Hill, *Islamic Science and Engineering* (Edinburgh: Edinburgh University Press, 1993);

Helaine Selin (ed.), *Encyclopaedia of the History of Science, Technology and Medicine in Non-Western Cultures* (Dordrecht: Kluwer, 1997).

科学社会学

Barry Barnes (ed.), *Sociology of Science* (London: Penguin, 1972), *Scientific Knowledge and Sociological Theory* (London: Routledge and Kegan Paul, 1974);

Ian Mitroff, *The Subjective Side of Science* (Amsterdam: Elsevier, 1974);

Karin Knorr-Cetina, *The Manufacture of Knowledge* (Oxford: Pergamon, 1981);

Bruno Latour and Steve Woolgar, *Laboratory Life: The Construction of Scientific Facts* (Princeton, NJ: Princeton University Press, 1986);

Steve Fuller, *Social Epistemology* (Bloomington: Indiana, 1988);

Harry Collins and Trevor Pinch, *The Golem: What Everyone Should Know About Science* (Cambridge: Cambridge University Press, 1993);

Michael Gibbons et al., *The New Production of Knowledge* (London: Sage, 1994);

Barry Barnes et al., *Scientific Knowledge: A Sociological Inquiry* (London: Atholone, 1996).

科学与帝国

Daniel R. Headrick, *Tools of Empire* (Oxford: Oxford University Press, 1981);

Michael Adas, *Machines as the Measure of Men: Science, Technology and Ideologies of Western Dominance* (Ithaca: Cornell University Press, 1989);

Deepak Kumar, *Science and Empire* (Delhi: Anamika Prakashan, 1991) and *Science and the Raj* (Delhi: Oxford University Press, 1995);

Roy Macleod and Deepak Kumar (eds.), *Technology and the Raj* (London: Sage, 1995).

女性主义批判

Sandra Harding, *The Science Question in Feminism* (Buckingham: Open University Press, 1986);

Maureen McNeil (ed.), *Gender and Expertise* (London: Free Association Books, 1987);

Hilary Rose, *Love, Power and Knowledge* (Oxford: Polity Press, 1994);

Margaret Wertheim, *Pythagoras' Trousers* (London: Fourth Estate, 1997);

Jean Barr and Lynda Birke, *Common Science?: Women, Science and Knowledge* (Bloomington: Indiana University Press, 1998).

后殖民批判

Ziauddin Sardar (ed.), *The Touch of Midas: Science, Values and the Environment in Islam and the West* (Manchester: Manchester University Press, 1982); *Explorations in Islamic Science* (London: Mansell, 1985); *The Revenge of Athena: Science, Exploitation and the Third World* (London: Mansell, 1988);

Ashis Nandy (ed.), *Science and Violence* (Delhi: Oxford University Press, 1998);

Claude Alvares, *Science, Development and Violence* (Delhi: Oxford University

Press, 1992);

Sandra Harding, *Is Science Multi-cultural?* (Bloomington: Indiana University Press, 1998).

科学大战

"Science Wars", *Social Text*, vol. 46—47 (Durham: Duke University Press, Spring/Summer 1996);

Paul R. Gross et al. (eds.), *The Flight From Science and Reason* (New York: New York Academy of Science, 1996);

Paul Gross and Norman Levitt, *Higher Superstition* (Baltimore: John Hopkins University Press, 1994);

Alan Sokal and Jean Bricmont, *Intellectual Impostures* (London: Profile Books, 1997);

Thomas Gieryn, *Cultural Boundaries of Science: Credibility on the Line* (Chicago: University of Chicago Press, 1999);

Ziauddin Sardar, *Thomas Kuhn and the Science Wars* (Cambridge: Icon Books, 2000).

后常态科学

Silvio Funtowicz and J. R. Ravetz, *Uncertainty and Quality in Science for Policy* (Dordrecht: Kluwer, 1990);

J. R. Ravetz (ed.), "Post-Normal Science", Special Issue of *Futures*, vol. 31, September 1999;

Hilda Bastian, *The Power of Sharing Knowledge: Consumer Participation in the Cochrane Collaboration*, http://www.cochraneconsumer.com.

关于作者及绘者

齐亚丁·萨达尔（Ziauddin Sardar），著名的文化与科学批评家，是书写伊斯兰科学和伊斯兰教未来的开拓者。作为伦敦城市大学后殖民研究访问教授，他已经出版了三十多本著作，从各角度考察科学、文化研究、伊斯兰教及相关主题，多部作品被翻译成二十多种语言。萨达尔教授是《未来》杂志的编辑，该杂志是关于政策、计划和未来研究的。他最近的著作包括《后现代主义与他者》（*Postmodernism and the Other*，1998），《东方主义》（*Orientalism*，2000）及《外星人反抗我们：科幻电影中的他者》（*Aliens R Us: The Other in Science Fiction Cinema*，2001），该书与肖恩·古比特（Sean Cubitt）合编，以及《**后现代生活的全部**》（*The A-Z of Postmodern Life,* 2002）。在本系列中，他还撰写了穆罕默德、文化研究、混沌学、媒体研究指南，以及同杰瑞·拉维茨（Jerry Ravetz）合著的数学指南。

波林·凡·路恩（Borin Van Loon）为本系列绘制的插图作品有《达尔文与进化论》《遗传学》《佛教》《东方哲学》《社会学》《文化研究》《数学》《媒体研究》和《批判理论》。他以近乎痴迷的方式，做了大量的剪切工作，并且确信他所秉持的观点——"图画通识系列丛书就是创意之母"。

致谢

我们对盖尔·伯克斯维尔（Gail Boxwell）的宝贵支持表示感谢。

索引